AF415085

Collana

Highlander

Rosa Luxemburg

SOCIALISMO O BARBARIE

La crisi della socialdemocrazia

Collana Highlander
Socialismo o barbarie
di Rosa Luxemburg
Terza ristampa: novembre 2022
© 2022, Edizioni Clandestine

Gruppo Editoriale Santelli

Edizioni Clandestine
Via P. Calamandrei, 1
Cinisello B. - Milano - 20092
391.4602257
www.edizioniclandestine.com
www.grupposantelli.it

Titolo originale: *Die Krise der sozialdemokratie.*
Lingua originale: tedesco
Traduzione di: Christian Kolbe

Introduzione

Gennaio 1916

Ciò che segue è stato da me scritto nell'aprile dello scorso anno. Ragioni di forza maggiore ne hanno all'epoca impedito la pubblicazione. La presente edizione si era resa necessaria perché la classe operaia, più a lungo perdura la guerra mondiale, tanto meno può perdere di vista le sue forze motrici. Il testo è rimasto pressoché invariato per dare modo al lettore di avere valida testimonianza di quanto il materialismo sappia cogliere con sicurezza il corso dello sviluppo storico.

Smontando il mito della guerra tedesca di difesa e dimostrando che il predomino tedesco sulla Turchia fosse lo scopo primo di una guerra di aggressione imperialistica esso presagiva quello che dopo di allora è di giorno in giorno confermato e che oggi, nel momento in cui il conflitto mondiale ha trovato il suo punto di gravità in Oriente, sta davanti agli occhi di tutti.

Capitolo I

Lo scenario è radicalmente mutato. La presa di Parigi in sei settimane[1] è divenuta un dramma di proporzioni mondiali; lo sterminio di massa, cosa di tutti i giorni che, oltre a non fare più notizia, ha portato a una situazione di stallo. La politica borghese, vincolata dai propri lacci, si trova con le spalle al muro; gli spiriti malvagi evocati non si possono più ricacciare.

Smaltita l'ubriacatura, cessato il baccano patriottico nelle strade, la caccia alle automobili dorate, il via vai di falsi telegrammi, le fontane avvelenate con i germi del colera, gli studenti russi pronti a far saltare in aria i ponti ferroviari di Berlino, gli aerei dell'aviazione francese su Norimberga, gli eccessi stradali del pubblico contro coloro sospettati di spionaggio, la ressa nelle pasticcerie dove gli inni patriottici e il frastuono assordante della musica oberavano le orecchie, i civili tramutati in ciurmaglia sempre pronti a sporgere denuncia, a picchiare le donne, a lanciare grida di giubilo a esaltarsi per proprio conto con ruggiti ferini rasentanti la follia in un'atmosfera da omicidio liturgico,

---

[1] Ndt. Si fa qui riferimento all'ambizioso piano tedesco di conquistare Parigi in sei settimane, fallito a pochi chilometri dalla capitale grazie a una controffensiva dell'esercito francese in ritirata, che dette luogo alla Prima battaglia della Marna (5-12 settembre 1914 in cui persero la vita circa 80.000 soldati francesi, 1500 britannici e, adesso - 65.000 uomini dell'Impero Germanico). Questa battaglia, vinta dall'esercito anglo-francese, trasformò la guerra in una lunga lotta di logoramento nelle trincee che si sarebbe protratta per quattro anni.

di aria da Chisinau[2], il vigile all'angolo di strada rimaneva l'unica testimonianza della dignità umana. Lo spettacolo è giunto a conclusione. Gli intellettuali tedeschi, "spettri tremolanti", da tempo hanno fatto marcia indietro. Le colonne dei riservisti non vengono più accompagnate dal festante, rumoroso, entusiasmo di una folla di ragazze; essi non salutano più il popolo affacciati dagli scomparti del treno con fare gioioso; ora se ne vanno silenti, con il loro cartone in mano, lungo strade nelle quali il pubblico, preso dalle occupazioni quotidiane, si guarda intorno, infastidito.

Nella meschina atmosfera di queste sbiadite giornate si leva alto un coro: quello gracchiante degli avvoltoi e delle iene sul campo di battaglia. Diecimila teli da tenda garantiti per legge! Centomila chili di lardo, cacao in polvere, surrogato di caffè, vendibili subito purché a pronta cassa! Granate, torni, cartucciere, permessi di matrimonio per vedove di caduti, cinghie di cuoio, mediazioni per forniture alle forze armate, tutto al miglior offerente! La carne da cannone, trasportata in treno in agosto e in settembre e patriotticamente 'infiammata', ora marcisce in Belgio, sui Volgi, nella Masuria in campi seminati a morte sui quali il profitto passa la sua falce inesorabile. È necessario portare rapidamente il raccolto nei granai. Oltreoceano, mille avide braccia si protendono per arraffare qualcosa pure loro.

Gli affari proliferano dove c'è distruzione. Dei centri urbani restano rovine, di borghi camposanti, delle campagne deserti; le popolazioni vagano in lunghe file di questuanti, le chiese sono mutate in stallaggi per i cavalli; i diritti civili, i trattati internazionali, le parole più sacre, le più alte autorità, calpestate; ogni reggente per volontà divina indica come meritorio di disprezzo il cugino di parte avversa in quanto infame che ha mancato alla parola data; ogni diplomatico il collega del fronte opposto come

---

[2] Ndt. L'autrice fa qui riferimento a due episodi di antisemitismo verificatisi uno il 19-20 aprile 1903 e il secondo il 19-20 ottobre 1905 a Chisinau, odierna capitale della Moldavia, all'epoca città facente parte dell'impero russo. Nel corso dei due *progrom* furono uccisi più di 70 ebrei e si contarono oltre 600 feriti. Questi episodi si verificarono senza che le autorità zariste opponessero la minima resistenza, portando così all'attenzione dell'opinione pubblica mondiale la drammatica situazione degli ebrei russi.

un brigante, ogni governo l'altro come la condanna del proprio popolo e come principale responsabile dei tumulti per fame a Lisbona, Mosca, Singapore, Venezia, della pestilenza in Russia e di miseria e disperazione ovunque.

Spudorata, disonesta, sporca di sangue, gocciolante di sudiciume: così si presenta a noi la società borghese, così realmente è. Non quando in ordine, educata, fa sfoggio di civiltà, filosofia ed etica, pace e stato di diritto, ma adesso – come bestia devastatrice, come sabba delle streghe dell'anarchia, come esalazione nociva per l'umanità – si mostra nel suo crudo, sincero, aspetto.

Ed è proprio nel bel mezzo di questa danza infernale che si è verificata una catastrofe di portata planetaria, ovvero, il crollo della socialdemocrazia internazionale. Illuderci su questo punto, ometterlo, negarlo, celarlo, sarebbe cosa funesta per il proletariato.

"Il democratico (vale a dire l'esponente della piccola borghesia rivoluzionaria)" scrive Marx[3], "esce dalle sconfitte più infamanti, allo stesso modo in cui vi è andato incontro, senza sua colpa; con la convinzione appena raggiunta che deve vincere, non che egli stesso e il suo partito devono mutare il punto di partenza, ma al contrario, che sono le circostanze a dover maturare e volgere in suo favore"[4].

Il proletariato moderno esce in modo assai diverso da queste prove di portata storica. Enormi come i suoi compiti riconosce i suoi torti. Nessun teorema valido per sempre, nessuna guida si fa garante per lui del sentiero che deve percorrere. Dalla sola esperienza storica trae i suoi insegnamenti. L'impervia strada che porta alla sua autoliberazione non è lastricata soltanto da infinite sofferenze ma pure da molteplici, madornali, sbagli. La meta del suo viaggio, vale a dire la sua emancipazione, dipende da sé e quanto il proletariato è capace di apprendere dai propri errori.

---

[3] Ndt. Karl Marx (1818 – 1883), filosofo ed economista, è stato uno tra i pensatori più influenti sul piano politico e socio–economico nella storia dell'Ottocento e Novecento. Esercitò un peso decisivo sulla nascita delle idee comuniste e socialiste. Tra le sue opere più note: *Il capitale*, *Teoria del plusvalore* e *Salario, prezzo e profitto*.

[4] Ndt. Da *Il diciotto Brumaio di Luigi Bonaparte* di K. Marx e F. Engels.

L'autocritica, un'autocritica impietosa, brutale capace di andare a fondo di ogni questione, costituisce la forza del movimento proletario. La resa del proletariato socialista nel conflitto mondiale in corso non ha precedenti storici ed è una catastrofe per tutta l'umanità. Ma il socialismo sarebbe perduto soltanto se il proletariato internazionale fosse nell'impossibilità di valutare i danni riportati in questo suo rovinoso inciampo e si rifiutasse di apprendere da tutto ciò.

Dobbiamo, adesso, prendere in esame gli ultimi quarantacinque anni del movimento operaio. Ciò che viviamo oggi è il prodotto di mezzo secolo di lavoro svolto. Con la fine della Comune di Parigi[5] si è conclusa la prima fase del movimento operaio europeo e la Prima Internazionale[6]. Allora ebbe inizio il corso. Anziché rivoluzioni spontanee, sommosse, combattimenti e barricate, a seguito delle quali il proletariato ricadeva in un atteggiamento passivo ad esso ben noto, si assisté ad una lotta sistematica, allo sfruttamento del parlamentarismo borghese, all'organizzazione delle masse, al connubio tra lotta economica e politica e dell'ideale socialista con la caparbia difesa degli interessi quotidiani. Per la prima volta una rigida dottrina scientifica si spese per la causa e l'emancipazione delle classi inferiori. Invece,

---

[5] Ndt. La comune di Parigi è la forma di organizzazione autogestita di tendenza socialista che assunse la città di Parigi dal 18 marzo al 28 maggio 1871. A seguito della sconfitta militare nella guerra con la Prussia il 4 settembre 1870 la popolazione parigina impose la proclamazione della Repubblica, sperando di ottenere riforme sociali e la prosecuzione della guerra. Quando il governo provvisorio deluse le aspettative e l'Assemblea Nazionale impose la pace e paventò il ritorno alla monarchia, Parigi insorse cacciando il governo di Thiers ed eleggendo direttamente il governo cittadino. La Comune adottò come simbolo la bandiera rossa, eliminò l'esercito permanente e, armata la cittadinanza, stabilì che l'istruzione fosse laica e gratuita, rese elettivi e revocabili i magistrati e tutti i funzionari i cui salari vennero resi simili a quelli degli operai e iniziò l'epurazione di coloro rimasti fedeli al governo legittimo e dei rappresentanti religiosi. L'esperienza ebbe fine quando il governo riparato a Versailles reagì e inviato l'esercito con cui ebbe sedata la rivolta entrò a Parigi il 21 maggio dopo aver massacrato in una settimana 20.000 residenti e disposto per migliaia di condanne.

[6] Ndt. L'Associazione internazionale dei lavoratori, nota come Prima Internazionale fondata nel 1864, aveva lo scopo di riunire nella stessa organizzazione le classi lavoratrici di tutto il mondo e fornire così al proletariato maggiore potere di contrattazione con i padroni. Ad essa si deve la riduzione dell'orario di lavoro a otto ore. L'esperienza della Prima Internazionale che vide tra i sui fondatori K. Marx si concluse nel 1876 causa di problemi organizzativi e della crisi economica del 1873.

di congregazioni più o meno segrete, scuole di pensiero, utopie, esperimenti isolati compiuti in differenti paesi, nacque un fondamento teorico internazionale, unitario che coinvolse tutte le nazioni. L'idea marxista fornì alla classe operaia di tutto il pianeta una bussola per orientarsi nel vorticare degli accadimenti di ogni giorno e indirizzare i suoi sforzi verso un'unica meta. Chi diffuse, difese, sostenne più di altri questa nuova metodica fu la socialdemocrazia tedesca.

La guerra del 1870 e il fallimento della Comune di Parigi avevano spostato la centralità del movimento operaio europeo in Germania. Allo stesso modo in cui la Francia era stata la principale sede della prima fase della lotta operaia e Parigi, il cuore pulsante e sanguinante della stessa, così la classe operaia tedesca divenne l'avanguardia della successiva. Grazie agli smisurati sacrifici di un instancabile particolareggiato lavoro, essa gettò le fondamenta di una esemplare organizzazione; diede corso a una potente stampa, ad efficaci mezzi di educazione e di istruzione e tirato a sé l'elettorato riuscì ad ottenere una numerosa rappresentanza parlamentare.

La socialdemocrazia fu la più genuina incarnazione dell'ideale socialista di Marx. Essa reclamò ed ottenne per sé una posizione di risalto nella Seconda Internazionale[7].

Scrisse Engels nel 1895 nella prefazione di *Lotta di classe* in Francia di Marx:

"Qualunque cosa possa accadere negli altri paesi, la socialdemocrazia tedesca ha una posizione speciale e, quindi al momento, anche un compito particolare da svolgere. I due milioni di elettori che essa porta alle urne, unitamente alle donne e ai giovani che pur non essendo elettori li seguono, vanno a formare la massa più numerosa e compatta, la 'principale forza' dell'esercito proletario internazionale".

---

[7] Ndt. Fondata dai partiti socialisti e laburisti europei, prese vita nel 1889 e fu sciolta con l'inizio della Prima Guerra Mondiale. Tra le azioni più note vi fu la proclamazione del primo maggio come festa internazionale dei lavoratori e l'indipendenza dei movimenti sindacali dai partiti politici.

La socialdemocrazia, fu riportato da *Arbeiterzeitung*[8] il 5 agosto 1914, è:

"Il gioiello dell'organizzazione del proletariato dotato di una coscienza di classe".

Sulle stesse tracce si muovono, sempre più appassionate, la socialdemocrazia francese, italiana e belga, le organizzazioni operaie olandesi scandinave, svizzere e degli Stati Uniti. Inoltre i paesi slavi, quelli russi, le regioni dell'area balcanica, guardavano ad essa con interesse e ammirazione.

Nella Seconda Internazionale il ruolo svolto dai tedeschi fu determinante. Nei congressi, le assemblee, nelle sedute dell'Ufficio Internazionale Socialista, tutti erano interessati a conoscere il loro punto di vista. E proprio nella lotta contro il militarismo e la guerra, la socialdemocrazia tedesca intervenne in maniera determinante: "Per noi tedeschi questo è inaccettabile" era la frase che bastava a determinare l'orientamento dell'Internazionale. Con speranza, essa si affidò alla guida sapiente della socialdemocrazia tedesca, orgoglio di tutti i socialisti e terrore delle classi dominanti in ogni paese. E tuttavia, a cosa ci trovammo ad assistere quando in Germania venne sottoposta alla più grande prova storica? Alla sua più drammatica caduta, al crollo più devastante. In nessun altro paese il proletariato e la sua organizzazione venne assoggettato così completamente all'imperialismo; in nessun altro luogo lo stato di assedio venne accettato senza porre la benché minima resistenza, né la stampa fu censurata, né la pubblica opinione orientata e ridotta al silenzio, la lotta di classe dei ceti poveri e delle classi lavoratrici così completamente trascurate come in Germania. E la socialdemocrazia tedesca non possedeva solo il più forte e nutrito reparto avanzato, era la mente pensante dell'Internazionale. Per cui si rende necessario analizzare i motivi ella sua caduta. Essa ha il dovere di salvare il socialismo internazionale mediante un processo di serrata autocritica.

---

[8] Ndt. Il giornale dei Lavoratori, quotidiano fondato nel 1889, organo del Partito Socialdemocratico austriaco.

Nessun altro partito, nessun'altra classe della società civile, può mostrare davanti a tutto il mondo i propri sbagli e le proprie fragilità nel lustro specchio della critica, perché esso le riflette con la stessa efficacia gli ostacoli che stanno davanti e quanto di buono realizzato ci lasciamo alle spalle. Ma la classe operaia può guardare senza vergogna alla verità e sopportare anche la più crudele autocritica, perché la sua debolezza è solo aberrazione e la severa legge della storia le restituisce quel vigore, che è garanzia di vittoria.

L'autocritica non è solamente un diritto essenziale, ma è anche il più alto dovere a cui è tenuta ad attendere la classe lavoratrice. Sulla nostra nave noi abbiamo imbarcato i tesori più preziosi dell'umanità a difesa dei quali è stato chiamato il proletariato. E mentre la borghesia si consegna in questa orgia di angue tra le braccia del suo destino, il proletario internazionale deve rigenerarsi – cosa che non dubito farà – e riportare in superficie i tesori che nel vorticare brutale del conflitto mondiale, vittima di un momentaneo smarrimento, aveva lasciato andare in mare.

Indubbiamente la guerra è una svolta nella storia del mondo. È folle pensare che il nostro compito sia solo quello di sopravvivere al conflitto, come la lepre attende nella sua tana che si allontani il cacciatore per poi tornare a scorrazzare nel bosco compiacendosi di sé per averla scampata. La guerra mondiale ha mutato i termini della nostra lotta e nondimeno noi, perché i fondamenti su cui si regge lo sviluppo capitalistico, la continua battaglia tra capitale e lavoro sì è attenuata o in parte è venuta meno; anche se già adesso, con la guerra ancora in corso, da dietro le maschere è riconoscibile il ghigno ben conosciuto. Il fenomeno evolutivo ha avuto un forte impulso dall'esplosione del vulcano imperialista: la violenza delle reciproche rivendicazioni in seno alla società fa sì che l'entità dei compiti che attendono proletariato socialista rendano tutto ciò che è accaduto precedentemente nella storia del movimento operaio come una candida pastorale.

Storicamente questa guerra doveva dare una spinta alla causa del proletariato, come riportato da Marx nel seguente passo tratto da *Le lotte di classe,* in Francia:

"In Francia il piccolo borghese fa ciò che dovrebbe generalmente fare il borghese industriale (ovvero battersi per i diritti costituzionali); l'operaio fa abitualmente ciò che sarebbe di compe-
tenza al piccolo borghese (lottare per la repubblica democratica);
e il compito dell'operaio chi lo assolve? Nessuno. In Francia esso
non viene assolto, ma proclamato. Questo compito non viene
svolto in nessun luogo entro i limiti della nazione; la guerra di
classe in seno alla società francese si allarga in una guerra mondiale, in cui le nazioni muovono l'una contro l'altra. Quel compito
non comincerà ad essere assolto se non nel momento in cui a
causa di un conflitto mondiale il proletariato sarà spinto alla testa
del popolo che domina il mercato mondiale, alla testa dell'Inghilterra. La rivoluzione qui troverà non già la sua fine, bensì
il suo inizio di organizzazione, non è una rivoluzione di breve
respiro. L'attuale generazione rassomiglia agli ebrei, che Mosè
condusse attraverso il deserto. Essa non deve solo conquistare un
nuovo mondo: deve morire per far posto agli uomini cresciuti
per abitarlo".

Questo fu scritto nel 1850 quando l'Inghilterra era l'unico paese in senso capitalistico e il proletariato inglese, il meglio
strutturato, pareva destinato, grazie alla spinta propulsiva dell'e-
conomia della propria nazione, a guidare la classe operaia internazionale.
Alle parole di Marx sostituite Inghilterra con Germania e
appariranno come un funesto presagio della guerra mondiale in
corso. Essa aveva il compito di condurre il proletariato tedesco
alla testa del popolo e dare così inizio "al lavoro organizzativo"
del grande conflitto internazionale tra lavoro e capitale per il
potere politico dello Stato. Noi ci eravamo, forse, immaginati
diversamente il ruolo svolto dalla classe lavoratrice nella guerra
mondiale? Ricordiamoci come solo poco tempo fa ci figuravamo
l'avvenire.

"Poi, avverrà la *catastrofe*. Suonerà in Europa l'ira che porta
alla battaglia, con la quale dai 16 ai 18 milioni di uomini, il fiore

delle diverse nazioni, equipaggiati con i più avanzati strumenti di morte, verranno gettati sul campo uno contro l'altro come nemici. Ma a mio modo vedere, dopo all'ira che porta alla battaglia seguirà il grande cataclisma. Esso non avverrà per mano nostra, ma per causa di voi stessi. Voi tendete l'arco al massimo, andando così incontro alla catastrofe. Raccoglierete ciò che avete seminato. *Il crepuscolo degli dei del mondo borghese sta avvicinandosi a rapide falcate!* Non abbiate dubbi, porgete l'orecchio è già all'angolo di casa".

Così si espresse il nostro parlamentare Bebel[9] nel dibattimento sul Marocco al Reichstag.

Con le seguenti parole si conclude *Imperialismo o Socialismo* che fu diffuso, alcuni anni or sono, in centinaia di migliaia di copie.

"Così la lotta contro l'imperialismo viene assumendo sempre più le proporzioni di un duello decisivo *tra capitale e lavoro*. Rischio di guerra, rincaro delle merci: capitalismo. Pace e benessere per tutti: socialismo. Così è posta la questione. *La storia va incontro a decisioni di importanza capitale.* Instancabilmente il proletariato deve operare ai suoi compiti storici mondiali, rafforzare la sua organizzazione, la chiarezza delle sue vedute. Qualunque cosa avvenga esso deve riuscire con le proprie forze a preservare l'umanità dagli orrori di una guerra mondiale *o altrimenti il mondo capitalistico dovrà sprofondare nella storia, allo stesso modo in cui da lei era nato, nel sangue e nella violenza:* l'ora storica troverà la classe operaia pronta a tutto".

A pagina 42 dell'opuscolo datato 1911, dedicato alle elezioni del Reichstag *Manuale degli elettori*, in merito alla guerra mondiale si legge:

"Credono i nostri dirigenti e le classi dominanti di poter pre-

---

[9] Ndt. August Bebel (1840 – 1913) fu politico e scrittore tedesco, fondatore insieme a Liebknecht della socialdemocrazia tedesca. Sua la storica frase: "L'antisemitismo è il socialismo degli imbecilli".

tendere dai popoli questa aberrante mostruosità? Non verrà da essi un grido di dolore, di rabbia di rivolta che li spingerà a porre fine a questa mattanza? Essi non si domanderanno per chi e cosa tutto questo? Siamo forse ritardati psichici per essere trattati in questo modo o lasciare che facciano di noi ciò che vogliono? Chi si prospetta tranquillamente la possibilità di un grande guerra europea, non può giungere a conclusioni diverse dalla seguente: la prossima guerra mondiale sarà un azzardò quali il mondo ne vide mai; secondo ogni previsione sarà l'ultima guerra".

Quando, nell'estate del 1911, i fatti di Agadir[10] e la rumorosa agitazione degli imperialisti teutonici avevano reso quanto mai prossimo il pericolo di un conflitto europeo, durante una assemblea internazionale tenutasi a Londra il 4 agosto, fu adottata la seguente risoluzione:

"I delegati tedeschi, spagnoli, inglesi, olandesi e francesi delle organizzazioni operaie si dichiarano *pronti ad opporsi a una dichiarazione di guerra con ogni mezzo a loro disposizione*. Ogni nazione qui rappresentata si assume l'onere, in base alle conclusioni dei suoi congressi nazionali e internazionali, di agire contro tutte le manovre criminali poste in essere dalle classi dominanti".

Ma, quando i numerosi rappresentanti operai giunsero alla cattedrale di Basilea per partecipare al Congresso del 1912, un brivido per l'ora funesta incombente e una decisione ardimentosa attraversarono il petto di tutti i presenti. Tra l'incredulità generale, il freddo Viktor Adler[11] disse:

---

[10] Ndt. Per impedire alla Francia di instaurare un protettorato nel Marocco, la Germania inviò la nave da guerra Panther nel porto di Agadir. L'azione rinnegava l'accordo stipulato nel 1906 alla Conferenza di Algeciras, con cui venivano riconosciuti i diritti francesi sulla regione. Da tutto ciò, ne conseguì una crisi diplomatica internazionale che se da un lato legittimò le richieste francesi dall'altro permise alla Germania di espandere i propri interessi coloniali in Congo. L'episodio ebbe ripercussioni notevoli: la Gran Bretagna interpretata la mossa tedesca come un tentativo di far propria Gibilterra rafforzò la sua alleanza con la Francia e l'Italia ne approfittò per ottenere il consenso all'occupazione della Libia.

[11] Ndt. Viktor Adler (1852 – 1918), leader del Partito Socialdemocratico austriaco, fu deputato e direttore del giornale *Arbeiter Zeitung*.

"Compagni, cosa di assoluta rilevanza è che oggi ci troviamo qui, alla fonte condivisa della nostra energia, da cui attingiamo forza per fare ognuno nel proprio paese quanto che è nelle nostre possibilità, con i mezzi di cui disponiamo e nelle forme che riteniamo opportune, per opporci alla follia della guerra. E, se questa criminale pazzia dovesse realmente realizzarsi, dovremo fare in modo che essa divenga una pietra: una pietra sepolcrale. Questo è il sentimento che anima l'Internazionale. Se massacri, carestie, incendi e pestilenze coinvolgeranno l'Europa civilizzata, noi possiamo pensarvi solo con orrore e indignazione. E noi ci domandiamo: gli uomini, i proletari sono ancora oggi delle pecore che possono essere condotte in branco al macello?".

A nome delle piccole nazioni e del Belgio fu Troelstra[12] ad esprimersi:

"Il proletariato delle piccole nazioni è a disposizione dell'Internazionale in tutto ciò che essa deciderà per allontanare lo spettro della guerra. Ed esprimiamo altresì la speranza che se un giorno le classi dominanti dei grandi Stati chiameranno alle armi i figli del loro proletariato per saziare la sete di dominio dei loro governi nel sangue e nei territori delle piccole nazioni, quei figli, sotto la potente influenza dei loro genitori proletari, della lotta di classe e della stampa proletaria, rifiutino di mettersi a servizio di questa impresa distruttrice della civiltà; per fare del male a noi, loro fraterni amici".

Dopo aver letto a nome dell'Ufficio internazionale il manifesto contro la guerra, così Juarès[13] concluse il suo discorso:
"L'internazionale rappresenta tutte le forze morali del mon-

---

[12] Ndt. Pietr Jelles Toestra (1860 – 1930) è stato un politico olandese ricordato per il suo ruolo di risalto nel movimento operaio e il tentativo fallito nel 1918, a causa dello scarso sostegno ottenuto dalla classe lavoratrice, di condurre una rivoluzione comunista in Germania.

[13] Ndt- Jean Juares (1886 - 1914) è stato un politico appartenente alla socialdemocrazia francese. Pacifista convinto, era dell'idea che si potesse giungere per via diplomatica a scongiurare la guerra. Venne assassinato il 31 luglio del 1914, il giorno prima della mobilitazione che dette inizio al conflitto armato.

do! E se dovesse suonare l'ora fatale, nel quale dovremmo sacrificare tutto di noi stessi, questa coscienza ci rafforzerebbe. Non con semplici vaghe parole, no, ma dal profondo del nostro essere noi, dichiariamo, oggi, qui, di essere pronti a qualsiasi sacrificio".

Fu come un giuramento di Grutli[14]. Tutto il mondo posò lo sguardo sulla cattedrale di Basilea, dove gravi e solenni rintoccavano le campane per le prossime grandi battaglie tra l'esercito de lavoro e la potenza del capitale.

Il 3 dicembre 1912 così si rivolse al Reichstag tedesco l'oratore del gruppo parlamentare socialdemocratico David:

"Riconosco che quella fu una delle ore più belle della mia esistenza. Quando le campane della cattedrale fecero da colonna sonora al corteo dei socialdemocratici internazionali, le bandiere rosse si schierarono nel coro nella chiesa e la voce dell'organo salutò i rappresentanti delle varie delegazioni che volevano annunciare la pace, ne ricevetti un'impressione che non dimenticherò mai... ciò che lì si è compiuto dovrebbe essere chiaro anche a voi. Le masse non sono più gregge senza volontà né pensiero e questo è un inedito nella storia; in passato esse si sono lasciate aizzare contro le uno contro le altre e spingere all'assassino collettivo di quanti avevano interesse alla guerra. Oggi così non è più. Le masse cessano di essere strumento privo di volontà nelle mani di chi è portato a caldeggiare, non la diplomazia, ma lo scontro armato".

Il 26 luglio 1914, appena una settimana prima dello scoppio della guerra, i giornali di partito scrivevano:

"Noi non siamo burattini, combattiamo con tutta la nostra forza un sistema che rende gli uomini strumenti senza volontà nel gioco delle circostanze, questo capitalismo che si prepara a trasformare un Europa desiderosa di pace in uno scannatoio. Se rovina sarà; se la risoluta volontà di pace del proletariato tedesco

---

[14]Ndt. Questo patto confederale, stipulato nell'agosto 1921 a Grutli, documenta l'eterna alleanza tra i tre cantoni forestali che andarono a formare la Svizzera centrale.

ed internazionale, che nei prossimi giorni farà sentire la sua voce in grandiose manifestazioni, resterà inascoltata; se essa non sarà in grado di evitare la guerra, questa dovrà essere l'ultimo conflitto armato e il crepuscolo degli dèi di un sistema basato sul capitale".

E ancora, il 30 luglio 1914, l'organo centrale della socialdemocrazia tedesca non mancò di far sentire la propria voce:

"Il proletariato si dichiara non responsabile degli avvenimenti che una classe dirigente delirante ha inteso scatenare. Esso è consapevole che dalle macerie fiorirà a nuova vita. Ogni responsabilità va riconosciuta ai dominatori attuali. Per loro si tratta di vivere o scomparire. La storia futura li giudicherà, decretandone la condanna".

Poi, il 4 agosto 1914, avvenne un fatto insolito, senza precedenti. Era necessario tutto ciò? Un evento di questa portata non è certo frutto del caso. Esso deve scaturire da cause obiettive che hanno radici profonde, lontane. Esse possono derivare anche da errori di conduzione del proletariato, dalla socialdemocrazia, nel venir meno della nostra volontà di combattere, del nostro coraggio, della fedeltà ai nostri ideali.

Dal socialismo scientifico abbiamo appreso a comprendere le leggi oggettive dell'evoluzione storica. Gli uomini non decidono arbitrariamente della loro vita ma certamente ne sono responsabili. Il proletariato dipende nella sua azione dal grado di maturità raggiunto dallo sviluppo sociale, il quale non può prescindere dal proletariato medesimo: esso ne è al contempo spinta propulsiva e causa, prodotto e conseguenza. La sua stessa azione è un punto cardine della storia. E, se pure a noi non è dato saltare sopra lo sviluppo storico come l'uomo sulla sua ombra, possiamo però affrettarlo o rallentarlo.

Il socialismo è il primo movimento popolare nella storia dell'umanità che abbia come fine ultimo quello di portare nell'agire degli uomini, una coscienza, un pensiero pianificato e di conseguenza un libero volere. In ragione di ciò, Engels[15] chiama la vittoria finale del proletariato socialista un balzo della civiltà dal regno animale a quello della piena consapevolezza e libertà. Naturalmente, anche questo balzo è vincolato alle dure leggi della storia, ai molti gradoni di una evoluzione millenaria estremamente lenta. Ma esso non può essere compiuto se, da tutto il materiale di presupposti oggettivi tesaurizzato dall'evoluzione, non viene la scintilla animatrice della volontà cosciente delle masse. La vittoria del socialismo non potrà mai essere frutto di eventi fortuiti. Essa potrà trovare compimento solo tramite ripetuti confronti e scontri, anche cruenti, tra le antiche e le nuove potenze in cui il proletariato internazionale, sotto la conduzione della socialdemocrazia, apprende e tende a fare suo il timone della volontà sociale di mutarsi, da trastullo per infanti, privo di volontà e discernimento, in una creatura senziente dotata di una visione e scopi propri.

Così si espresse Engels:

"La società borghese si trova a dover operare una scelta: *o progredire abbracciando il socialismo o regredire nella barbarie*".

Cosa significa "regredire nella barbarie" per il grado di civiltà raggiunto dalla nostra civiltà europea? Quante volte abbiamo letto e ripetuto queste parole senza avere piena consapevolezza della gravità del loro significato? È sufficiente guardarci intorno, in questo preciso istante, per capire il significato di quella frase. Questo conflitto mondiale, - ecco un regresso nella barbarie - il trionfo dell'imperialismo porta alla capitolazione di ogni forma di civiltà, occasionalmente per la durata di una guerra moderna in via definitiva se il periodo testé iniziato delle guerre mondiali dovesse proseguire a lungo, spingendosi fino alle estreme conseguenze.

Noi, oggi, ci troviamo dunque nella situazione prospettata da Engels quattro decenni fa: a dover fare una scelta o operare

---

[15] Ndt. Friedrich Engels (1820 – 1895) fu un filosofo, economista e sociologo tedesco: È stato, insieme a Karl Marx, l'ideologo del socialismo scientifico. Collaborò con Marx nella stesura de *Il capitale, Manifesto del Partito Comunista* e altri testi di importanza rilevante.

per il trionfo dell'imperialismo, che porterebbe al crollo di tutta
la civiltà come nell'antica Roma: spopolamento, distruzione, de-
generazione, morte oppure combattere affinché il socialismo si
affermi grazie all'azione cosciente del proletariato internazionale,
sull'imperialismo e il suo *modus operandi*: la guerra. Questo è
un dilemma storico di portata planetaria; un'alternativa, in cui
i piatti della bilancia oscillano tremanti davanti alla decisione di
un proletariato consapevole. Il futuro dell'umanità e di qualsivoglia forma di civiltà sono dipendenti dal fatto che la classe
operaia sappia con la risolutezza e la durezza necessaria, porre la
sua daga rivoluzionaria sulla bilancia. In questa guerra l'imperialismo ha trionfato. La sua spada grondante del sangue dei popoli
ha spostato con la sua ignobile brutalità l'ago della bilancia verso la più terrea desolazione e vergogna. Tutte queste ingiustizie
e atrocità possono essere superate e bilanciate laddove noi della
guerra e nella guerra apprendiamo come il proletariato affran-
carsi dal ruolo di schiavo a servizio delle classi dominanti e farsi
padrone del proprio destino.

La classe operaia moderna paga a caro prezzo l'acquisizione
della missione storica che l'attende. La strada del Golgota[16], del
suo riscatto disseminata di martiri richiede un alto tributo di
sangue. I combattimenti del giugno, le vittime della Comune, i
caduti della Rivoluzione russa, assommati, vanno a formare un
nutrito esercito di ombre insanguinate.

"Ma quelli almeno caddero sul campo dell'onore", ebbe
modo di scrivere Marx degli eroi della Comune, "e giacciono im-
perituri, sepolti nel cuore della classe operaia".

Oggi milioni di proletari di ogni paese cadono nella palude
della vergogna, del fratricidio, del macello reciproco, con il canto
degli schiavi sulle labbra. Neppure questo ci è stato risparmiato.
Noi siamo quanto di più simile c'è agli ebrei che Mosè guidò attraverso il deserto[17]. Ma, se non abbiamo perduta la capacità di

---

[16] Ndt. Il Golgota è la collina vicino a Gerusalemme su cui, testimoniano i vangeli, Gesù salì
per esservi crocifisso.

[17] Ndt. Secondo la Bibbia (Antico Testamento), Mosè condusse gli ebrei, liberati dal giogo degli
Egizi, in una marcia di quarant'anni attraverso il deserto per raggiungere la terra promessa.

imparare, ancora una speranza vive. E se il faro del proletariato, la socialdemocrazia, non saprà apprendere e mostrarsi all'altezza del suo compito, essa stessa dovrà scomparire per lasciare spazio agli uomini che sono figli del nuovo mondo.

Capitolo II

Con la seguente dichiarazione, il gruppo parlamentare social-democratico diede, il 4 agosto, le direttive atte a determinare ed orientare l'atteggiamento della classe operaia in guerra.

"Ora ci troviamo a confronto con la dura realtà della guerra. Irrompe in noi, la paura di essere invasi dal nemico. Non ci troviamo più a deliberare in favore o contro il conflitto, oggi, ma in merito ai mezzi necessari per difendere il paese. Per il nostro popolo e il suo libero avvenire, se non tutto, molto è in gioco in una eventuale prevalere della tirannide russa che già ha versato il sangue dei migliori tra la sua gente. Allontanare questa minaccia significa assicurare la civiltà e mantenere il nostro paese indipendente. In ragione di ciò noi come abbiamo sempre dichiarato non voltiamo le spalle alla nostra patria nell'ora più grave. E in questo concordiamo pienamente con l'Internazionale, che ha sempre riconosciuto il diritto di ogni popolo all'autonomia nazionale e all'autodifesa, come d'altra parte ci sentiamo in armonia con essa nel condannare ogni guerra di conquista. Coerenti a questi principi, approviamo i crediti di guerra che ci sono richiesti".

La patria in pericolo, la difesa del territorio nazionale, la guerra del popolo per la sua sopravvivenza, per la civiltà, la libertà

- queste furono le argomentazioni portate dalla rappresentanza socialdemocratica in parlamento. Il resto venne poi come una mera conseguenza: l'atteggiamento tenuto dalla stampa, dal partito, dai sindacati, l'esaltazione patriottica dei più e il repentino scioglimento dell'Internazionale. Ogni cosa fu derivante da quel primo orientamento adottato nel Reichstag. Quando si tratta dell'esistenza della nazione e della sua libertà, quando esse possono essere tutelate e difese unicamente con le armi, quando la guerra è un'opera santa di popolo, allora, tutto divenendo naturale, semplice, deve essere accettato. Chi tende al fine non può ricusare i mezzi. La guerra è una carneficina ben organizzata che richiede perseveranza, zelo, metodo. Tuttavia, per giungere a concepire un'azione criminale sistema, un uomo normale, alzato il tasso alcolico, deve prima giungere ad adeguata ubriacatura. Questo è, da sempre, il metodo adottato da coloro che conducono le guerre. Alla brutalità dell'agire deve corrispondere la malvagità di pensiero e di intimo sentire e, ognuna di queste cose, deve precedere e accompagnarsi all'altra. Per cui il *Wahre Jakob*[18] del 28 di agosto con il dipinto del trebbiatore tedesco, i giornali di partito di Amburgo, Francoforte, Kiel e via dicendo, con la loro propaganda patriottica, si presentano come il barbiturico più idoneo e utile al proletariato che può preservare la propria indipendenza e libertà unicamente affondando la baionetta nel petto dei fratelli russi, francesi e inglesi. Quei giornali istigatori sono ancora più conseguenti di coloro che confondono l'omicidio con l'amore fraterno o l'approvazione dei mezzi di distruzione, utili alla guerra, con la solidarietà socialista tra i popoli

D'altra parte, se la dichiarazione del gruppo parlamentare socialdemocratico tedesco fosse stata giusta, questa sarebbe valsa la condanna dell'Internazionale operaia per sempre. Cosa mai avvenuta dalla nascita del movimento operaio moderno, si assiste qui ad una spaccatura, a una frattura profonda tra i precetti che vincolano alla solidarietà internazionale del proletariato e gli interessi della libertà e dell'esistenza nazionale dei popoli; e, in prima istanza, ci troviamo di fronte alla rivelazione che i proletari

---

[18] Ndt. Giornale di satira politica pubblicato in Germania dal 1879 al 1933.

di diversi idiomi mirino a distruggersi reciprocamente. Fino ad oggi vivevamo nella convinzione che gli interessi nazionali della classe operaia fossero gli stessi ovunque e, in virtù di questo, non potessero mai giungere a contrasto.

Quanto stava alla base della nostra teoria era dunque un clamoroso errore?

La guerra mondiale non è la sola prova a cui sono stati sottoposti i nostri principi. La prima fu affrontata dal nostro partito quarantacinque anni or sono, il 21 luglio del 1870, quando Liebknecht[19] e Bebel esposero al Reichstag della Germania del Nord questa loro considerazione:

"L'attuale conflitto[20] intrapreso nell'interesse dei Bonaparte, come la guerra del 1866[21], lo si potrebbe definire dinastico. Noi non possiamo in alcun modo approvare il credito richiesto al Reichstag per scopi bellici, perché sarebbe un voto di fiducia al governo prussiano che, con il suo modo di agire nel 1866, ha preparato la guerra di oggi e tanto meno possiamo rifiutare quanto è richiesto, perché questo atto potrebbe essere considerato come un'approvazione della politica criminale di Bonaparte[22].

Per principio, essendo contrari ad ogni guerra dinastica, in quanto social-repubblicani e membri dell'Associazione internazionale dei lavoratori, la quale, senza discriminazione di nazionalità, combatte tutti gli oppressori, noi non ci possiamo dichiarare né direttamente né indirettamente favorevoli a questa guerra per cui ci asteniamo dal voto, esprimendo la fiduciosa speranza che i popoli d'Europa, spinti dai nefasti accadimenti, facciano quanto

---

[19] Ndt. Wilhelm Liebknecht (1826 – 1900), politico e giornalista tedesco, direttore di Vorwarts, fu uno dei fondatori della socialdemocrazia tedesca e della Seconda Internazionale.

[20] Ndt. Si fa riferimento alla guerra Franco-Prussiana, combattuta dal 19 giugno 1870 al 10 maggio 1871 tra il secondo Impero francese (e dopo la sua caduta, dalla terza repubblica), e la Confederazione Tedesca del nord (guidata dal Regno di Prussia) che costò la vita a circa 170.000 uomini.

[21] Ndt. La guerra Austro-Prussiana (detta anche la guerra delle sei settimane), combattuta tra l'Austria, i suoi alleati minori e il Regno di Prussia, portò anche alla terza guerra d'indipendenza italiana.

[22] Ndt. Si tratta di Napoleone III (1808 – 1873), presidente della Repubblica francese dal 1848 al 1852 e imperatore di Francia dal 1852 al 1870.

nelle loro possibilità per conquistarsi il diritto di auto-governarsi sopprimendo la vigente tirannide della sciabola e di classe, poiché causa i tutti i mali dello Stato e della società".

Con questo intervento i due rappresentanti posero con chiarezza la causa del proletariato tedesco sotto l'egida dell'Internazionale togliendo al conflitto contro la Francia il carattere di guerra nazionale e liberatrice. Nelle sue memorie, cosa ben nota, Bebel afferma che avrebbe espresso voto sfavorevole alla concessione del prestito, se solo avesse saputo fin d'allora ciò che divenne palese negli anni a venire.

Per cui, in quella guerra, che la borghesia e la stragrande maggioranza della popolazione sotto l'influenza di Bismarck[23] considerava all'epoca come di interesse vitale per la Germania, i leader dei socialdemocratici espressero questo punto di vista: gli interessi della nazione e quelli di classe del proletariato sono i medesimi, entrambi sono contro la guerra. Solamente la guerra mondiale in corso, la dichiarazione del 4 agosto della rappresentanza socialdemocratica potevano porre il dilemma: libertà nazionale o socialismo internazionale?

Il concetto fondamentale racchiuso nella dichiarazione del nostro gruppo parlamentare, il nuovo prevalente orientamento della politica proletaria fu una rivelazione che giunse inattesa. Fu un mero ricalcare il discorso tenuto dal cancelliere il 4 agosto:

"A spingerci non è la brama di conquista, ma l'inflessibile volontà di conservare la terra che Dio ha dato a noi e ai nostri figli. Dai documenti che vi vengono presentati vi risulterà chiaro come il mio governo e soprattutto il cancelliere abbiano provato fino all'ultimo ad evitare il peggio. Ora per legittima difesa, con l'animo puro e con mano ferma, impugniamo la spada".

---

[23] Ndt. Otto von Bismarck (1815 – 1898), politico tedesco, fu Primo ministro del regno di Prussia dal 1862 al 1890 e nel 1867 divenne capo della Confederazione Tedesca del Nord. Nel 1871 fu l'artefice della nascita dell'Impero tedesco divenendone il primo Cancelliere.

E Bethmann-Hollweg[24] così si esprimeva:

"Egregi signori, noi ci troviamo nella situazione di chi aggredito deve difendersi e la necessità non conosce regole. Chi come noi, minacciato, si batte per il bene supremo può pensare solo alla strategia da adottare per sconfiggere il nemico. Noi ci troviamo a combattere per preservare i frutti del nostro pacifico lavoro, per l'eredità ricevuta dal passato e per un radioso avvenire".

Esattamente questo era il contenuto della dichiarazione dei rappresentanti della socialdemocrazia:

"Noi abbiamo compiuto ogni sforzo per mantenere la pace; ora che la guerra è una triste realtà abbiamo il diritto e il dovere di difenderci; dall'esito di questo conflitto, dipendono le sorti del nostro paese".

La dichiarazione del nostro gruppo parlamentare differisce un poco da quella del governo. Come la prima si appella ai tentavi della diplomazia per la pace compiuti dal cancelliere e ai ripetuti telegrammi dell'imperatore così il gruppo faceva riferimento alle dimostrazioni pacifiste della socialdemocrazia prima dello scoppio della guerra.
Come il discorso del regnante respinge qualsivoglia ambizione di conquista, così i socialdemocratici rifiutano la guerra di conquista rifacendosi alla loro ideologia. E infine quando l'imperatore e il cancelliere proclamano: "Noi combattiamo per il bene supremo. Io non conosco fazioni politiche né ideologie, ma solo tedeschi".

Risponde la delegazione socialdemocratica: "Dall'esito di questa guerra dipendono le sorti del nostro paese. Noi non voltiamo le spalle alla patria nel momento del bisogno".

---

[24] Ndt. Bethmann-Hollweg (1865 -1921), politico tedesco, ricoprì molte cariche di prestigio e fu cancelliere del Reich dal 1909 al 1917.

Solo in un dettaglio, la proposizione socialdemocratica è in contrasto con il governo: essa pone come pericolo primo alla libertà della Germania il totalitarismo russo. Al contrario, nel discorso dell'Imperatore traspariva amarezza nei riguardi della Russia: "Con grande dispiacere sono stato costretto a mobilitare l'esercito contro un paese vicino con il quale abbiamo calpestato insieme molti campi di battaglia. Con immenso dolore ho visto rompere un'amicizia".

La rappresentanza socialdemocratica mutò il rincrescimento per la perdita di un'amicizia amorevolmente conservata con lo zarismo russo, in un coro di voci contro la tirannide e così nel solo punto in cui manifestò autonomia di fronte alla dichiarazione del governo, sfruttò le tradizioni insurrezionaliste del socialismo per nobilitare democraticamente la guerra e procurarle consenso popolare.

Tutto ciò risultò palese alla socialdemocrazia il 4 agosto 1914. Quanto essa aveva detto fino ad allora, vale a dire fino allo scoppio ella guerra, era l'esatto contrario della dichiarazione resa in parlamento. Così scriveva il *Vorwarts* del 25 luglio, quando fu pubblicato l'ultimatum dell'Austria alla Serbia che valse l'inizio della guerra:

"Quegli *irresponsabili* che alla corte di Vienna decidono le sorti del paese vogliono la guerra e questo è reso palese dalle grida selvagge che emergono da settimane dalla stampa propagandistica giallo-nera. Essi tendono alla guerra, la esigono e l'ultimatum austriaco alla Serbia lo rivela al mondo intero. Se sotto i colpi di un pazzo fanatico sono caduti nel sangue Francesco Ferdinando I e sua moglie[25], non è insensato chiedere a milioni di operai e contadini di espiare per una colpa non loro? L'ultimatum au-

---

[25] Ndt. Francesco Ferdinando I (1863 – 1914), arciduca della dinastia degli Asburgo ed erede al trono austro-ungarico fu assassinato il 28 giugno 1914 a Sarajevo insieme alla moglie per mano di un giovane nazionalista bosniaco. Quella sua tragica fine fornì il pretesto all'Impero austro-ungarico per dichiarare guerra alla Serbia dando il via alla Prima guerra mondiale.

striaco alla Serbia sarà la miccia con la quale si appiccherà il fuoco ai quattro angoli dell'Europa".

Questo ultimatum è così spudorato nelle pretese che un governo serbo, il quale si mostrasse arrendevole, correrebbe il rischio di essere cacciato dal suo stesso popolo. Fu un delitto della stampa sciovinista tedesca quello di spronare all'estremo il caro alleato nelle sue smanie di guerra e anche del signor Bethmann-Holleweg[26], il quale ha promesso al signor Berchtold protezione alle spalle. *In questo modo il gioco messo in atto a Berlino non è meno pericoloso di quello in corso a Vienna.*
Il *Leipziger Volkzeuitung* riportava il 24 luglio:

"Il partito militare austriaco... gioca tutto su una carta, perché lo sciovinismo nazionale e militare non ha niente da perdere in alcuna parte del mondo... in Austria i circoli sciovinisti sono in completo fallimento, i loro belati patriottici dovrebbero coprire il loro tracollo economico, le rapine, i crimini e i saccheggi effettuati in guerra, riempire i loro portafogli".

Il *Dresdner Volkszeitung* così si esprimeva il medesimo giorno:

"Al momento, i guerrafondai della viennese *Ballplatz*[27] sono ancora debitori di quelle prove che legittimerebbero l'Austria ad avanzare delle richieste alla Serbia. Se il governo austriaco rifiuta di presentarle, si pone dalla parte del torto davanti a tutta l'Europa; e anche laddove una colpa della Serbia potesse essere dimostrata, anche se l'attentato di Sarajevo fosse stato ordito sotto gli occhi del governo serbo, le rivendicazioni *contenute nella nota oltrepassano di molto i limiti tollerabili*. Soltanto i più frivoli propositi di guerra di un governo possono rendere comprensibili simili richieste a un altro Stato".

---

[26] Leopold Berchtold (1863 – 1942), ministro degli esteri austriaco negli anni che portarono alla guerra, è ricordato come uno dei maggiori responsabili della stessa.

[27] Ndt. Sede dell'allora Ministero degli esteri austriaco.

Il *Munchener Post* il 25 luglio scriveva:

"Questa nota austriaca è un documento che non ha precedenti negli ultimi duecento anni di storia. Basandosi su atti, il cui contenuto rimane ignoto e senza potersi appoggiare su un processo pubblico contro colui che si è reso responsabile dell'assassinio della coppia erede al trono, esso presenta alla Serbia pretese, la cui accettazione equivarrebbero al suicido di questo Stato".

Il *Magdeburger Volksst* il 24 luglio diceva:

"Qualunque governo serbo che accennasse anche solo alla lontana a prendere seriamente le richieste avanzate dagli austro-ungarici sarebbe deposto immediatamente dal popolo. Il procedimento dell'Austria è tanto più deprecabile, in quanto Berchtold si presenta con affermazioni vuote di fronte al governo serbo e quindi davanti all'Europa. Oggigiorno non si può scatenare in questo modo una guerra che assumerebbe proporzioni mondiali. Si agisce in questo modo solo se c'è dietro una precisa volontà di compromettere la stabilità di un intero continente. Non è così che si ottengono delle conquiste morali e si convince i paesi neutrali del proprio diritto. Per cui c'è da aspettarsi che la stampa europea e quindi i governi richiamino energicamente all'ordine i poco assennati uomini di stato di Vienna".

Il *Frankfurtn Volksstimme* scriveva il 24 luglio:

"Facendo leva sui lamenti della stampa oltremontana, che piangeva Francesco Ferdinando I, quale migliore amico, e chiedeva fosse fatta vendetta sul popolo serbo".

L'*Elberfeder Freie Presse*, lo stesso giorno:

"Un telegramma dell'Agenzia Wollf riferisce le richieste austriache alla Serbia. Da esse risulta chiaro *quanto le autorità viennesi propendano per la guerra*, perché la nota fatta pervenire a Belgrado è già una sorta di protettorato dell'Austria sulla Serbia.

Sarebbe opportuno che la diplomazia di Berlino facesse capire ai provocatori di Vienna che la Germania *non muoverà un dito* in difesa di simili arroganti richieste e impone il ritiro dell'ultimatum austriaco".

E infine il *Bergische Arbeiterstimme* di Solingen:

"L'Austria, *volendo* un conflitto, sfrutta l'attentato di Sarajevo per mettere moralmente la Serbia dalla parte del torto. Tuttavia la questione è stata affrontata in modo troppo maldestro per poter trarre in inganno l'opinione pubblica europea. Se i guerrafondai della Ballplatz credono che gli alleati della Triplice[28] verranno loro in aiuto in un conflitto in cui fosse coinvolta la Russia, si sbagliano di grosso. Per quanto riguarda l'Italia, un indebolimento dell'Impero Austro-ungarico, suo concorrente nell'Adriatico e nei Balcani, sarebbe auspicabile, per cui essa non si dannerà la vita per sostenere l'Austria. In Germania, poi, i reggenti, quand'anche fossero così pazzi da volerlo, non oseranno mettere in gioco la vita di un solo soldato per la politica dissennata e criminale degli Asburgo".

In questo modo la nostra stampa di partito giudicava la guerra una settimana prima che scoppiasse. Dunque, non erano minacciate l'esistenza e l'autonomia tedesca, ma si trattava di un azzardo del partito guerrafondaio austriaco; non legittima difesa o un conflitto in cui si è trascinati in difesa della nostra libertà, ma di una frivola provocazione, di un attacco ingiustificato all'indipendenza della nazione serba.

Cosa avveniva il 4 agosto per mutare queste concezioni tanto duramente espresse e diffuse della socialdemocrazia? Un fatto nuovo; il libro bianco presentato quello stesso giorno al Reichstag dal governo tedesco il quale riportava a pagina quattro:

---

[28] Ndt. Si tratta del patto difensivo stipulato a Vienna il 29 maggio 1882 tra l'Impero austro-ungarico, la Germania e il Regno d'Italia che prevedeva aiuto reciproco in caso di aggressione esterna.

"In queste circostanze, l'Austria doveva dirsi che non era accettabile, per la dignità, la stima di se stessa e per il rispetto dovuto alla monarchia, assistere alle manovre atte a danneggiarci ordite oltre confine. *Il governo imperiale regio dopo averci messi a parte delle sue posizioni, chiese a noi consiglio.* Cosicché potemmo esprimere il nostro apprezzamento per il suo operato e assicurargli che qualsiasi azione repressiva esso avesse ritenuto necessaria per annientare il movimento delinquenziale sorto in Serbia, ostile alla monarchia, avrebbe goduto del nostro incondizionato sostegno. Consapevoli che un intervento militare dell'Impero austro-ungarico contro la Serbia avrebbe coinvolto anche la Russia, lo eravamo anche del fatto, che in conformità dei nostri obblighi di alleanza, avremmo potuto trovarci a combattere una guerra. D'altro canto, conoscendo i vitali interessi del nostro alleato e l'importanza della posta in gioco, *noi non potevamo suggerire all'Austria* una condiscendenza offensiva per la sua dignità né rifiutargli il nostro appoggio. Senza contare, inoltre, che i nostri traffici erano anch'essi direttamente minacciati dalle trame serbe. Fin quando fosse stato consentito alla Serbia di mettere in pericolo l'esistenza della vicina monarchia con il tacito consenso di Francia e Russia ne sarebbe conseguito un declino progressivo dell'Impero Austriaco che avrebbe messo tutti i paesi slavi sotto il dominio russo, togliendo alla razza germanica il suo ruolo dominante in Europa. Un'Austria indebolita a causa del progredire del panslavismo russo non sarebbe stata per noi un alleato su cui contare e del quale fidarci, come è necessario in considerazione dell'atteggiamento viepiù preoccupante dei nostri vicini a est e ovest. *Per tutte queste ragioni abbiamo lasciato mano libera all'Austria nei confronti della Serbia*, senza prendere parte attiva nei suoi preparativi".

Il 4 agosto, queste parole, che sono il punto cardine di tutto il libro bianco, espressione del governo tedesco, vicino alle quali tutte le altre spiegazioni, per voce di chicchessia, dei fatti che hanno portato alla guerra risultano inutili, stavano sotto gli occhi della rappresentanza parlamentare socialdemocratica. Una settimana prima, la stampa socialdemocratica sbraitava che l'ultimatum austriaco era una provocazione criminale che avrebbe portato alla guerra mondiale e contava su un intervento conciliatorio e pacificatore del governo. Il popolo e i socialdemocratici erano convinti che, dopo quella scellerata mossa austriaca, la diplomazia tedesca operasse per mantenere la pace e che, per l'imperatore, quello spingere alla guerra giungesse alle orecchie come un fulmine a ciel sereno.

Ora il libro bianco rivela che: 1) il governo austriaco prima di compiere il suo passo contro la Serbia aveva chiesto autorizzazione alla Germania; 2) che il governo tedesco era consapevole che la provocazione austriaca avrebbe portato alla guerra; 3) che il governo tedesco non aveva suggerito all'Austria di risolvere la questione con mezzi pacifici, ma dichiarava che un'Austria indebolita avrebbe nociuto alla Germania; 4) che il governo tedesco aveva garantito all'Austria il suo sostegno in guerra a prescindere; 5) che il governo tedesco non si era riservato il controllo dell'ultimatum dell'Austria alla Serbia, dal quale dipendevano le sorti dell'Europa, ma aveva lasciato campo libero all'Impero austro-ungarico.

Di tutto questo apprese il nostro gruppo di rappresentanza il 4 agosto. Inoltre, lo stesso giorno, fu informato dal governo di un fatto nuovo, ovvero, che l'esercito tedesco era già in marcia in territorio belga.

Da tutto questo, il gruppo parlamentare socialdemocratico ne trasse che si trattava di una guerra di difesa del territorio per fermare un'invasione, di una guerra in difesa della civiltà e contro la tirannide russa.

L'evidente retroscena tenuto maldestramente nascosto, vale a dire le manovre diplomatiche antecedenti allo scoppio della guerra e gli schiamazzi di nemici che insidiavano la Germania e miravano a indebolirla, sottometterla e distruggerla, potevano costituire una sorpresa per la socialdemocrazia tedesca e richiedere ad essa così tanta capacità politica? Proprio per il nostro partito, meno che per chiunque altro! Esso aveva attraversato già due grandi guerre e da entrambe aveva potuto trarre insegnamenti.

Chiunque abbia un elementare conoscenza della storia sa che la prima guerra contro l'Austria (1886) era stata preparata dalla politica di Bismarck fin dal momento del suo insediamento. Lo stesso principe ereditario[29], poi imperatore Federico, lo annotò nel suo diario in data 14 novembre di quell'anno:

"Bismarck, fin da quando assunse il suo incarico, ha sempre teso a condurre la Prussia in una guerra contro l'Austria, ma ne parlò a sua maestà nel momento opportuno".

Scrive Auer in *I festeggiamenti per Sedan e la socialdemocrazia:*
"Paragoniamo ora, questa confessione con le parole del proclama che re Guglielmo II[30] rivolse al suo popolo":
"La patria è in pericolo! L'Austria e una consistente fetta della Germania si sono mobilitate contro di essa. Sono trascorsi pochi anni da quando io, di mia iniziativa, offrii la mia amicizia all'imperatore austriaco quando si trattò di liberare una terra dal dominio straniero. Oggi ogni mia speranza è andata delusa. L'Austria, come non dimentica che in passato erano i suoi principi a regnare sul territorio tedesco, allo stesso modo non riconosce nella Prussia un stato amico e un naturale alleato ma solo un rivale e un nemico. Dal suo punto di vista, la Prussia deve essere combattuta e ridimensionata nelle ambizioni. L'antica gelosia è riemersa in tutta la sua ignobile bassezza e la parola d'ordine recita che il nostro paese deve essere fiaccato, disonorato, cancellato. Nei nostri confronti non ha più valore alcun trattato. I principi tedeschi vengono sollecitati a rompere ogni alleanza con noi. Ovunque ci volgiamo, in Germania, troviamo volti ostili il cui grido di battaglia recita: a morte la Prussia".

Per ottenere la benedizione dal cielo su questa contesa che li vedeva nel giusto, Guglielmo ordinò un giorno di preghiera e penitenza durante il quale così si espresse:

---

[29] Ndt. Guglielmo di Prussia (1882 – 1951), principe ereditario dell'impero, salì al trono nel 1941 dopo la morte del padre.
[30] Ndt. Guglielmo II (1859 – 1941) fu imperatore di Germania e ultimo re di Prussia.

"Dio non ha tenuto conto degli sforzi che ho compiuto per conservare il mio popolo in pace".

La nostra rappresentanza, se non dimentica della storia del proprio partito, avrebbe dovuto riconoscere la fanfara che accompagnava i motivetti suonati e le parole profuse che accompagnarono allo scoppio della guerra, o sbaglio?

E non è tutto, nel 1870, alla guerra del 1866, seguì quella con la Francia il cui deflagrare è legato a un documento, "il dispaccio di Ems"[31], che assurto a modo ricorrente per muovere guerra della politica borghese, segna anche un episodio degno di essere menzionato nella storia del nostro partito.

Protagonista Leibknecht[32] e la socialdemocrazia tedesca, che allora ritennero fosse loro compito mostrare al popolo come si giunge a scatenare una guerra.

Del resto, buttarsi in una guerra di malavoglia e solo per difesa della patria non fu una trovata di Bismarck. Egli su limitò a seguire fedelmente un precetto interazionale della politica della borghesia.

Dove c'è mai stata guerra, da quando l'opinione pubblica ha una parte nei conti del governo, se non per la difesa del territorio o a ragione di una vigliacca aggressione del nemico?

Il gioco è noto. La novità sta nel fatto che vi abbia preso parte un partito appartenente alla socialdemocrazia.

---

[31] Ndt. Telegramma reso noto tramite stampa nel 1870, inviato dai Francesi alla Prussia e modificato da Bismark, in modo talmente provocatorio da divenire motivo per scatenare la guerra.

[32] Ndt. Karl Liebknecht (1878 – 1919), politico tedesco, fu fondatore della Lega di Spartaco: un'organizzazione socialista rivoluzionaria di ispirazione marxista nata in Germania durante la Prima guerra mondiale. Nel Gennaio del 1919, insorta contro il governo di Berlino, la Lega fu brutalmente repressa dalle organizzazioni paramilitari anti-comuniste al soldo del governo socialdemocratico al potere. Pochi giorni dopo, la morte di Karl Liebknecht e Rosa Luxemburg, entrambi assassinati.

Capitolo III

I reali scopi di questa guerra erano ben noti da tempo. La preparazione ad essa si protrasse per decenni, sotto gli occhi di tutti. Per cui, quando oggi alcuni socialisti annunciano con orgoglio la fine della *diplomazia segreta*, che avrebbe operato segretamente in favore del conflitto, attribuiscono a quella poteri ultraterreni che non possiede. I "reggitori" delle sorti dello Stato furono, come sempre, pedine mosse da processi storici che li sovrastano e da tumulti della società borghese. E se qualcuno ha operato per controllare questi processi e questi tumulti ed aveva la possibilità di farlo era senza ombra di dubbio la socialdemocrazia tedesca. Due orientamenti della storia più recente conducono per la via più breve alla guerra odierna. Una è successiva e conseguente al periodo dei cosiddetti Stati nazionali, ossia degli attuali Stati di conio capitalistico, iniziato con la guerra di Bismarck alla Francia. La guerra del 1870 che con l'annessione dell'Alsazia e della Lorena, gettò la Repubblica francese nelle braccia russe, determinando la divisione dell'Europa in due fronti, l'uno all'altro ostili che diede il via a un'era di corsa agli armamenti, la quale fornì il primo combustibile all'odierno incendio mondiale. Quando ancora l'esercito di Bismarck si trovava in territorio francese, Karl Marx scrisse al comitato di Braunschweig[33].

---

[33] Ndt. Comitato di reggenza temporanea istituito nel 1879, nel ducato tedesco di Braunschweig, per ovviare alla morte del sovrano. Fu Ernesto augusto III a regnarvi dal 1913 al 1918 quando venne deposto.

37

"Chi non è troppo frastornato dal baccano che si fa al momento, o non ha interesse a confondere il popolo tedesco, deve convenire con me che, come il conflitto del 1866 portò in grembo quello del 1870, questi reca in sé una guerra tra Germania e Russia. Sempre che prima non scoppi in Russia una rivoluzione. Se questo fatto assai probabile non si verifica, una guerra che vede contrapposte l'Impero germanico e quello russo è *un fait accompli*. Quanto questa disputa sarà utile o nociva, dipende dal comportamento tenuto dagli attuali vincitori tedeschi. Se essi prendono l'Alsazia e la Lorena, la Francia scenderà sul campo di battaglia a fianco della Russia contro la Germania. Inutile spiegare con quali tragiche conseguenze".

Questa profezia, all'epoca, suscitò ilarità: si considerava così saldo e stringente il legame tra Prussia e Russia che pareva folle anche solo ipotizzare un'alleanza tra la Francia repubblicana e la Russia zarista. Ciononostante, contravvenendo ogni pronostico, quanto ipotizzato da Marx si è avverato. Auer, in *Festeggiamenti per Sedan*, scrive:

"Questa è giustappunto la politica socialdemocratica, la quale vede chiaramente le cose e in questo si distingue da quella politica quotidiana, che si prostra ciecamente davanti a ogni successo".

Il rapporto tra questi avvenimenti non deve essere inteso come un risarcimento dovuto alla Francia fin dal 1870 per lo scippo subito da Bismarck[34]. Non è questo che l'ha spinta a misurarsi con la Germania e tantomeno lo è la tanto sbandierata *revanche*[35] per l'Alsazia-Lorena. Sono esse facili dicerie divulgate dalla propaganda tedesca di guerra, che raccontavano di una

---

[34] Ndt. Si fa riferimento qui alla sconfitta subita dalla Francia nella guerra con la Prussia che portò al Trattato di Francoforte (1871), con cui fu imposto ai francesi un risarcimento economico esorbitante e l'Alsazia-Lorena, un territorio che apparteneva alla Francia da oltre due secoli.

[35] Ndt. Corrente di pensiero di stampo nazionalista che chiedeva la rivincita, ovvero di venire a un nuovo conflitto con la Germania.

Francia incarognita e desiderosa di vendetta, che non sapeva, non poteva, non voleva, dimenticare la sua disfatta, allo stesso modo in cui nel 1866 la stampa che strizzava l'occhio a Bismarck favoleggiava di un'Austria detronizzata che non avrebbe mai archiviato la perdita della cara, deliziosa Prussia. In realtà la paventava vendetta per l'Alsazia-Lorena era ormai solo una componente scenica degli spettacoli teatrali portati in scena da alcuni pagliacci patriottici e il *Lion de Belfort*[36], altro che un vecchio animale dipinto su un'insegna.

Per la Francia, la questione dell'ammissione era da tempo superata, soppiantata da altre preoccupazioni, e nessuno, in sede istituzionale, pensava a una guerra con la Germania per riappropriarsi di quei territori. Se l'eredità di Bismarck fu la prima tanica di combustibile che ha scatenato l'odierno incendio mondiale, lo fu anche di più poiché, se per un verso spinse la Germania, Francia e l'Europa tutta a una folle corsa per gli armamenti, dall'altro portò come conseguenza l'alleanza della Francia con la Russia e della Germania con l'Austria. Questo originò un notevole rafforzamento dello zarismo russo, che ebbe notevole influenza sula politica del Vecchio Continente; non a caso, proprio allora iniziò la concorrenza tra Prussia-Germania da una parte e Francia dall'altra per assicurarsi i favori della Russia – che portò all'alleanza tra il Reich tedesco, Austria e Ungheria, il cui coronamento, come si legge nel citato libro bianco, è la *fratellanza d'armi* della guerra odierna.

Così, la guerra del 1870 con i suoi strascichi ha determinato tanto il concentramento dell'Europa intorno all'asse del dissidio tedesco-francese, quanto il dominio dichiarato del militarismo nella vita dei popoli europei. Tuttavia, questo dominio e quel concentramento di forze, di lì in avanti hanno dato un contenuto tutto nuovo all'evoluzione storica. Ciò che conduce all'attuale conflitto mondiale conferma la profezia di Marx, frutto di eventi

---

[36] Ndt. Si tratta di una gigantesca scultura, lunga 22 metri e alta 11, raffigurane un leone, realizzata dall'artista Auguste Bartholdi (1834-1904) in commemorazione dell'eroica resistenza francese durante l'assedio prussiano del 1870 alla città di Belfort. Dichiarata monumento nazionale, se ne trovano repliche a Parigi e a Lione.

di caratura internazionale quali lo sviluppo imperialistico dell'ultimo quarto di secolo che quegli non ha conosciuto.

Lo slancio capitalistico che, successivamente alle guerre del '60 e del '80, si era affermato nell'Europa della ricostruzione, soprattutto dopo un lungo periodo di depressione conseguente al crollo finanziario del 1873[37], aveva raggiunto vette mai toccate prima nella seconda metà degli anni '90 un nuovo periodo di *Sturm und Drang*[38] per le nazioni europee, sfociato in una corsa di espansione verso le zone e i paesi del pianeta che ancora non conoscevano il capitalismo. Fin dagli anni '80 viene avanti una propensione per le conquiste coloniali: l'Inghilterra prende l'Egitto, procacciandosi un impero in Sud-Africa; la Francia occupa Tunisi e Tonchino; l'Italia mette piede in Abissinia; la Russia porta a termine le conquiste in Asia centrale ed entra in Manciuria; la Germania si procura le prime colonie in Africa e nei mari del Sud; gli Stati Uniti ampliano i loro interessi in Asia con la conquista delle Filippine. Questo periodo di smembramento di Africa e Asia, che fin dall'epoca della guerra cino-giapponese del 1895 scatenò una serie di sanguinosi conflitti, trova la sua conclusione con la guerra russo-giapponese del 1904.

Tutti questi avvenimenti furono causa di nuovi attriti e antagonisti ovunque: tra Italia e Francia in Africa; tra Inghilterra e Francia in Egitto; tra Inghilterra e Russia e questa con il Giappone in Asia; Tra Giappone e Inghilterra in Cina; tra Stati Uniti e Giappone nel Pacifico, Un continuo di tensioni e distensioni a causa delle quali ogni due anni rischiava di scoppiare una guerra tra le potenze europee.

Da ciò risultava evidente che:

1. la guerra sotterranea di tutti contro tutti degli Stati capitalistici combattuta in territorio asiatico e africano, oltre ad aver spinto i paesi europei a rinforzare gli eserciti e a dotarsi di armamenti adeguati ai tempi, alimentava una

---

[37] Ndt. Crisi finanziaria americana che durò dal 1873 a 1877 con gravi ripercussioni sull'economia europea, la quale visse due decenni di depressione economica.

[38] Ndt. Movimento sviluppatosi in Germania nella seconda metà del Settecento, il cui tratto dominante è il titanismo, temine in cui si indica l'eroe che sfida le forze superiori, portando avanti la lotta sebbene conscio che solo la sconfitta lo attende.

tempesta che si sarebbe poi abbattuta sull'Europa come un devastante uragano;

2. la guerra in Europa sarebbe scoppiata non appena le nazioni imperialiste, antagoniste, avessero trovato un asse centrale intorno al quale fosse possibile loro momentaneamente raggrupparsi. E questo accade con la comparsa dell'Imperialismo tedesco.

In Germania, l'avvento dell'imperialismo è concentrato in un breve spazio temporale. La rapida crescita della grande industria e del commercio iniziato con la fondazione del Reich[39], aveva condotto negli anni '80 a due forme particolari di accumulo del capitale: il più possente sviluppo cartellonistico del Vecchio continente e la più grande concentrazione bancaria del pianeta.

Il primo si preoccupò di strutturare, razionalizzare e concentrare l'industria pesante, vale a dire quella parte di capitale interessato ad assicurare forniture allo Stato, agli armamenti e alle imprese a carattere imperialistico, facendone un fattore trainante l'economia dello Stato.

La seconda concentrò il capitale in una potenza chiusa, fornita di una sproporzionata vigoria perennemente in tensione, che interveniva dispotica a proprio discernimento nell'industria, nel commercio, nel credito del paese, parimenti determinante nell'economia privata e statale, capace di illimitata espansione, sempre bramosa di profitti e dividendi, audace, priva di scrupoli, internazionale per sua natura, per cui tagliata a misura del mondo e delle imprese che è chiamata a compiere.

Si sommi a tutto questo il granitico regime personale, un fragile parlamento incapace di opporre la benché minima opposizione, la classe borghese, in tutte le sfaccettature, fare fronte comune contro il proletariato, supportata dal governo; in queste condizioni era prevedibile che questo fresco imperialismo, pieno di energia, non ostacolato da alcuno che si affacciava sul mondo con ambizione, quando già il mondo era già stato spartito,

---

[39] Ndt. La fondazione di quello che è chiamato anche Secondo Reich risale al 18 gennaio 1871, con il conseguimento dell'unità nazionale e si conclude con l'abdicazione del kaiser Guglielmo II il 9 novembre 1918.

sarebbe divenuto presto elemento destabilizzante, causa di una diffusa irrequietezza. E questo risultò evidente già dalla politica militaristica del Reich alla fine negli anni 1898 e 1899 con le due proposte di rafforzamento della flotta presentate in parlamento che significavano un drastico e repentino ampliamento della marina militare che non aveva precedenti nella storia del paese, sia nei mezzi, quanto negli strumenti di guerra per i due decenni successivi. Questo non era solo un capovolgimento radicale della politica economica e commerciale del paese, ma anche della politica sociale e di tutti i rapporti interni tra i ceti della società civile e le istituzioni.

I programmi di incremento della marina testimoniano innanzitutto un significativo cambiamento della politica del Reich, quale era stata dalla sua fondazione. Mentre la politica di Bismarck si basava sul concetto che il Reich è e deve rimanere una potenza continentale e la flotta un accessorio utile solo alla difesa costiera, come si evince dalla dichiarazione del segretario di Stato Hoffman del marzo 1897 alla commissione per il bilancio: "Le coste si difendono da sé, non necessitano della marina".

Venne presentato un programma diametralmente opposto, che recitava: "Per la Germania è di vitale importanza diventare la prima potenza mondiale di terra e di mare".

Da qui, il passaggio alla politica continentale di Bismarck a una politica espansionistica mondiale. Le intenzioni, in tal senso, erano così evidenti che ne fu reso il necessario commento allo stesso Reichstag tedesco. L'allora leader del Centro, Lieber parlò già l'11 marzo 1896 dopo il noto discorso dell'Imperatore per il XXV giubileo del Reich tedesco – discorso che, quasi a presagire il rafforzamento della marina, aveva sviluppato il nuovo programma di "illuminati progetti navali", contro i quali bisognava opporsi con fermezza. Un altro esponente di rilievo del Centro, Schadler, così parlò il 23 marzo 1898 al Reichstag, sul progetto iniziale di ampliamento della flotta:

"Il popolo è dell'idea che non possiamo essere la prima potenza sul continente e la prima forza dei mari. E se qui mi viene detto,' non è nelle nostre intenzioni', siete in errore, voi non siete che all'inizio".

E quando venne presentato il secondo progetto, sempre Schadler, l'otto febbraio 1900 al Reichstag, dopo aver fatto riferimento a tutte le dichiarazioni precedenti avverse a un incremento delle forze navali, disse:

"Oggi questa ulteriore legge dà il via alla creazione di una flotta di portata mondiale, come supporto alla nostra politica planetaria, per mezzo del raddoppiamento della nostra marina che ci vedrà impegnati per i prossimi due decenni".

Da parte sua, lo stesso governo, l'11 dicembre 1899, per bocca di Bulow[40] segretario di Stato e ministro degli esteri espresse apertamente il programma politico del nuovo corso, in ciò che lo aveva spinto alla seconda proposta di legge sul comparto navale:

"Abbiamo anche noi *diritto* a una grande Germania in considerazione del fatto che gli inglesi parlano di una *greater Britain,* i francesi di una *nouvelle France* e i russi si fanno strada in Asia... per cui se non ci procuriamo una marina in grado di proteggere i nostri interessi commerciali all'estero e i nostri compatrioti e non ultimo la sicurezza delle nostre acque territoriali, mettiamo a rischio i settori più vitali della nazione. Nel secolo che ci attende il popolo tedesco *sarà martello o incudine*".

Tralasciando la protezione della fascia costiera e la salvaguardia dei commerci, rimane il progetto primo della Germania la politica del martello cui sottoporre le altre nazioni.

Contro quali paesi fossero rivolte queste minacce non era un segreto: prima su tutte l'Inghilterra cui, andava necessariamente sottratto il dominio sui mari. E così fu compresa anche dal paese di cui si è detto poc'anzi. Il piano navale tedesco e i discorsi che lo accompagnarono destarono molta preoccupazione nel governo

---

[40] Ndt. Bernhard von Bulow (1849 – 1929), politico e ambasciatore tedesco, fu Segretario di Stato e Ministro degli esteri tedesco dal 1897 al 1900 e Cancelliere dal 1900 al 1909.

britannico e da allora non è più cessata.

Nel marzo del 1910 Lord Robert Cecil[41] rispose alla Camera bassa inglese durante un dibattito sull'argomento:

"Sfido chiunque a dare un'altra spiegazione logica al fatto che la Germania intenda dotarsi di una flotta gigantesca, se non quella che ha intenzione di combattere l'Inghilterra".

La rivalità sui mari, che si protraeva da ambo i lati da quindici anni e infine la costruzione febbrile di *dreadnought* e di *super-dreadnought*[42] era il preludio della guerra anglo-tedesca. L'incremento della flotta dell'11 dicembre 1899 fu una dichiarazione di guerra della Germania cui l'Inghilterra ebbe notifica il 4 agosto 1914. Naturalmente, quella lotta per il mare non aveva niente a che spartire con la concorrenza economica per il mercato mondiale. Il monopolio inglese, che a quanto si dice, soffocava lo sviluppo tedesco, è una leggenda di alcun credito. Quell'egemonia supposta, fin dagli anni '80, era divenuta con dispiacere dei capitalisti inglesi una fiaba del tempo che fu. La crescita industriale di Francia, Belgio, Italia, Russia, India e Giappone, ma soprattutto della Germania e degli Stati Uniti aveva sancito la fine di quel predominio.

Negli ultimi decenni, accanto all'Inghilterra, un paese dopo l'altro, tutti si affacciarono sul mercato mondiale e questo fece sì che il capitalismo si sviluppasse come forza irresistibile dell'economia mondiale. Tuttavia, la supremazia inglese dei mari, che oggi non fa stare tranquilli finanche alcuni socialdemocratici, e il cui superamento è da quegli stessi ritenuto necessario per il benessere del socialismo internazionale, fu di così poco disturbo al capitalismo tedesco che, sotto il suo servaggio, esso si sviluppò con sorprendente rapidità.

La Germania non solo è il cliente più importante dell'impero

---

[41] Ndt. Robert Cecil I (1864 – 1958), rappresentante alla Camera dei Comuni e diplomatico britannico, fu insignito del Nobel per la pace nel 1937.

[42] Ndt. Corazzate e super corazzate.

inglese, le cui colonie costituiscono le fondamenta dello sviluppo industriale tedesco, ma la crescita del capitalismo di ambedue i paesi è dipendente l'uno dall'altro; infatti, è grazie al libero commercio inglese che viene favorita un'ampia spartizione del lavoro. Ne consegue che il commercio tedesco e i suoi interessi sul mercato mondiale non avevano alcuna attinenza né con la costruzione della flotta né con il mutamento radicale della sua politica. Tanto meno furono le attuali colonie tedesche che spinsero a un pericoloso antagonismo con la marina britannica. Esse non avevano alcun bisogno di protezione perché nessuno, e men che tutti l'Inghilterra, aveva interesse a minacciarle. Che oggi nel corso della guerra, esse siano passate all'Inghilterra e al Giappone e il fatto sia ritenuto consueto è un effetto del conflitto mondiale, così come l'appetito degli imperialisti tedeschi si accanisce ora sui belgi, quando, in tempo di pace se qualcuno avesse solo pensato di annettere il Belgio, sarebbe stato rinchiuso in un istituito di igiene mentale.

Per l'Africa del sud, per la terra di Guglielmo[43] o Tsungtau[44] non si sarebbe mai arrivati a una guerra via terra o per mare tra Germania ed Inghilterra, e questo è dimostrato dal fatto che poco prima dello scoppio del conflitto si stava stipulando tra i due pesi un accordo di spartizione amichevole delle colonie portoghesi in terra africana. Se il rafforzamento della flotta e la nuova politica tedesca annunciavano dunque le spedizioni esplorative che la Germania avrebbe condotto, l'ampliamento della marina militare apriva a direzioni e scopi di illimitate possibilità.

La costruzione delle nuove navi e degli armamenti, oltre ad essere un grosso affare per l'industria tedesca, aprì illimitate prospettive alla bramosia di capitali delle banche e dei cartelli. Questo assicurò alla politica imperialista il sostegno di tutti i partiti di estrazione borghese.

L'esempio fornito dai nazional-liberali, i quali formavano il nocciolo dell'industria pesante, fu seguito dal Centro che nell'an-

---

[43] Ndt. Si tratta di una porzione di costa antartica, scoperta durante la spedizione Gauss tra il 1901 e 1903.

[44] Ndt. Città costiera cinese che fu colonia dell'Impero tedesco dal 1897 al 1919.

no 1900, allorché venne approvato in parlamento l'investimento per la marina, divenne definitivamente il partito di governo; dietro al Centro, si accodarono, quando si discussero i decreti conseguenti alla legge sulla flotta, vale a dire, la tariffa doganale affamatrice, i liberali e lo Junkertum[45] che, da caparbio avversario agli investimenti sulla marina e alla costruzione del canale[46], divenne sostenitore del militarismo marittimo, delle ribalderie coloniali e della politica doganale ad esse legate.

Le elezioni del Reichstag del 1907[47] mostrarono la classe borghese nell'esaltazione imperialistica tutta raccolta intorno a Bulow che si prefiggeva una Germania martello del mondo. Anche queste consultazioni, preludio al paese in guerra, furono una provocazione non solo al proletariato tedesco ma anche agli altri stati capitalistici, una minaccia rivolta verso nessuno in particolare e contro tutti insieme.

---

[45] Ndt. L'aristocrazia terriera prussiana.

[46] Ndt. Inaugurato del 1895, il canale di Kiel a cui qui si fa riferimento, lungo 98 chilometri, unisce la cittadina da cui prende il nome al Mare del Nord.

[47] Ndt. A seguito di una crisi di governo, il 13 dicembre 1906 il Reichstag fu sciolto e si andò a nuove elezioni (25 gennaio 1907).

Capitolo IV

La Deutsche Bank e i suoi interessi in Asia, i quali costituiscono il punto centrale della politica tedesca in Oriente, fecero della Turchia il più importante campo di azione. Negli anni '50 e '60 nella Turchia asiatica operava prevalentemente capitale britannico che progettava e costruiva l'impianto ferroviario di Smirne e si era aggiudicato l'appalto della tratta ferroviaria anatolica che si spingeva fino a Ismid. Nel 1888 entrò in scena il capitale tedesco, che ottenne da Abdul Hamld[48] la gestione della tratta costruita dagli inglesi e l'assegnazione della nuova linea che doveva unire Ismid ad Ankara e delle diramazioni per Scutari, Brussa, Konia e Kaizarile.

Nel 1899, la Deutsche Bank si accordò con il governo locale per la realizzazione e la gestione di un porto commerciale da costruirsi ad Haydarpasa, aggiudicandosene anche tutti i diritti commerciali e doganali. Nel 1901 il governo turco diede sempre alla Deutsche Bank commessa per la realizzazione della linea ferrovia da Bagdad al Golfo Persico e nel 1907, quella per il prosciugamento del lago Karaviran e per l'installazione degli impianti di irrigazione nella piana di Koma.

---

[48] Ndt. Abdul Hamid (1876-1909), è stato sultano dell'Impero Otto-mano, fino a quando nel 1909 a causa di una insurrezione militare fu spodestato. Hamid fu responsabile di ammodernamenti che permisero al paese di progredire, quali la razionalizzazione della burocrazia, l'ambizioso progetto della Ferrovia di Hijaz la creazione di un moderno codice di legislativo e molto altro

Il prezzo di queste grandiose opere civili è la rovina dei contadini dell'Asia Minore. Il costo di queste colossali opere viene realizzato grazie a prestiti a lunga scadenza concessi dalla Deutsche Bank che, andando a ingrassare il debito pubblico, rendono per innumerevoli anni il paese debitore dei vari Siemens, Gwinner ecc..., come in precedenza lo era stato del capitale inglese, francese, austriaco.

Questo debitore si trovava costretto, ora, non solo a vedersi continuamente prosciugate le casse dello Stato per far fronte agli interessi dei debiti contratti, ma pure a lasciare a garanzia i ricavi tratti dalla rete ferroviaria realizzata grazie ai capitali delle banche estere. In questo modo, mezzi di comunicazione all'avanguardia vengono collocati su una primitiva comunità rurale, su l'arida terra di un'economia che, saccheggiata per secoli dai regnanti, produce quel poco sufficiente a sfamare il contado e a riconoscere le imposte allo Stato, ma non può generare il traffico necessario a dare profitto. Il trasporto merci e quello passeggeri, in conformità alle condizioni socio-economiche in cui versa il paese sono poco sviluppati e possono crescere solo con estrema lentezza. Quanto manca a pareggiare il reddito richiesto da chi ha fornito il capitale viene compensato annualmente dalla Turchia con la cosiddetta "garanzia chilometrica".

Questo sistema con il quale furono costruite le ferrovie nella Turchia europea con i capitali austriaci e francesi è lo stesso applicato, ora, dalla Deutsche Bank alla Turchia asiatica. A garanzia che il versamento suppletivo verrà veramente effettuato, il governo turco ha messo nelle mani della rappresentanza del capitale europeo, il consiglio di amministrazione del debito pubblico, ovvero la fonte delle entrate statali in Turchia: le imposte di un certo numero di province.

Dal 1893 al 1910, il governo turco, in questo modo, ha aggiunto alla rete ferroviaria la linea che raggiunge Ankara e la tratta Eskiscchir - Konia per circa novanta milioni di marchi. I tributi dati dal governo turco ai suoi creditori sono tasse dovute dai contadini in natura che non vengono riscosse direttamente ma tramite appaltatori simili a quelli della Francia pre-rivoluzionaria, ai quali lo Stato vende il probabile introito di ogni provincia per mezzo di un'asta, con pagamento in contanti. Chi si assicura all'asta la riscossione delle imposte di una provincia, dopo averla divisa in settori, cede questi a sua volta ad agenti minori. Dato che ognuno vuole trarre dall'affare maggior guadagno possibile, di passaggio in passaggio la tassazione dovuta dai contadini cresce. Questi, quasi sempre economicamente sul bordo del baratro, attendono con impazienza di poter vendere il raccolto; ma una volta mietuto il grano, devono spesso attendere settimane per procedere alla trebbiatura, finché l'appaltatore non si presenta a riscuotere la parte che gli spetta.

L'appaltatore, che di solito è un commerciante di granaglie, sfrutta la condizione in cui versa il contadino, al quale il raccolto rischia di andare in malora, per estorcerglielo alle condizioni a lui più favorevoli. Il malcontento viene contenuto o represso dalle più alte cariche locali. Laddove il governo non sia riuscito a vendere le imposte, queste sono riscosse da quegli direttamente in natura e consegnate agli enti stranieri che hanno fornito il capitale per le opere civili.

In questo modo si raggiungono due risultati: l'economia rurale dell'Asia Minore va soggetta a un processo di dissanguamento che va ad esclusivo vantaggio, in questo caso, del capitale e dell'industria tedesca. Inoltre, aumentando gli interessi germanici nella regione, si ha motivo ragionevole di fornire protezione politica alla Turchia. Al contempo, l'apparato burocratico necessario a riscuotere le tasse dai contadini, vale a dire il governo turco, diventa strumento nelle mani della politica estera tedesca. Già precedentemente le finanze e la politica fiscale turca erano sotto controllo europeo, così i tedeschi si sono occupati prevalentemente dell'organizzazione militare.

È evidente, dopo quanto detto, quanto sia nell'interesse dell'imperialismo il rafforzamento dello stato turco, finché l'intenzione è di ritardarne la rovina perché una liquidazione perentoria della Turchia porterebbe alla spartizione della stessa tra Inghilterra, Russia, Grecia, Italia ed altri, cosa che comporterebbe la scomparsa della solida base su cui si sorreggono le operazioni di ampia portata del capitale tedesco. Allo stesso tempo ciò comporterebbe un rafforzamento della Russia, dell'Inghilterra e di tutti gli stati che si affacciano sul mediterraneo. E dunque interesse dell'imperialismo tedesco mantenere in vita la Turchia, finché essa, consumata dall'interno dal capitale tedesco, come in precedenza l'Egitto dall'Inghilterra e il Marocco dalla Francia, non cada ai piedi della Germania, come un frutto maturo. Il più noto esponente dell'imperialismo tedesco Paul Rohrbach[49] dice con cruda franchezza:

"È nella logica delle cose che la Turchia, circondata da vicini avidi, trovi aiuto presso una potenza che non abbia interessi territoriali in Oriente come la Germania. Noi stessi saremmo danneggiati dalla scomparsa della Turchia, poiché Russia e Inghilterra, essendo i principali eredi di quella nazione, ne trarrebbero notevoli vantaggi. E pure se la Turchia venisse spartita in modo che a noi ne toccasse una porzione rilevante, questo comporterebbe al nostro paese problemi a non finire perché Russia, Inghilterra e per un verso Italia e Francia sono vicine agli attuali possedimenti turchi: cosa questa che rende loro possibile via terra, via mare o per entrambi questi accessi occupare e difendere la posizione acquisita. Diverso è per noi che non vantiamo alcun collegamento diretto con l'Oriente... Un'*Asia Minore o una Mesopotamia tedesca potrebbe divenire realtà soltanto se Russia e Francia si trovassero costrette a rinunciare ai loro fini e ideali politici, vale a dire se la Prima guerra mondiale si concludesse in modo favorevole per gli interessi tedeschi*".

La Germania, che l'8 novembre 1898 a Damasco aveva giurato di proteggere il mondo musulmano e la bandiera verde del profeta Maometto per un decennio, sostenne e rafforzò il regime del dispotico e sanguinario sultano, Abdul Hanmid e, quando venne spodestato, riprese l'opera con il governo rivoluzionario

---

[49] Ndt. Paul Rohrbach (1869 – 1956) è stato uno scrittore tedesco che si interessò di economia.

dei Giovani Turchi[50]. La missione ebbe termine con la riorganizzazione e l'addestramento delle forze armate turche guidate da Colmar der Golz[51], per mezzo di istruttori tedeschi. Con la modernizzazione dell'esercito, ulteriori pesanti oneri andarono a gravare sui contadini turchi e si aprirono nuove opportunità di affari per la Deutsche Bank. Così il militarismo turco, sviluppata da subito una dipendenza da quello tedesco-prussiano, divenne il punto di riferimento della politica tedesca nel Mediterraneo e nell'Asia minore, il cane da guardia alle dipendenze del padrone.

Che l'opera di rivitalizzazione della Turchia compiuta dalla Germania non sia stato altro che un maldestro tentativo di tenere in piedi un cadavere ne è valida testimonianza la sorte patita dalla rivoluzione turca[52]. Nella prima fase, quando il movimento insurrezionalista, dominato dall'elemento ideologico, cullava grandi progetti e illusioni in una primavera ricca di promesse vitali, le sue simpatie politiche volsero verso l'Inghilterra, nella quale riconosceva l'ideale dello Stato liberale moderno da prendere ad esempio, mentre la Germania, per molti anni protettrice del governo del vecchio sultano si presentava come l'avversario dei Giovani Turchi.

Per cui, la rivoluzione del 1908 parve decretare il fallimento della politica tedesca in Medio Oriente e come tale venne dai più inteso; la caduta di Abdul Hamid rappresentava la fine dell'influenza tedesca sulla regione. Quando i Giovani Turchi, arrivati al potere, mostrarono la loro incapacità di governare e apportare riforme di natura economica e sociale per il paese, si avvertì soffiare sempre più impetuoso il vento di una controrivoluzione, cui si intese far fronte con i già sperimentati metodi del governo precedente, in generale con periodici bagni di sangue tra popoli soggiogati spinti gli uni contro gli altri e ad Oriente con l'oppres-

---

[50] Ndt. Si tratta di un partito politico attivo in Turchia prima del 1870, volto ad attuare vaste riforme nel paese e a contrastare il predominio delle potenze europee nella vita politico-economica turca.

[51] Ndt. Colmar De Volgs (1843 – 1916) è stato generale e scrittore tedesco.

[52] Ndt. Il governo post-rivoluzionario instaurato nel 1908 fu rimosso nel 1909, dopo appena sei mesi, per far posto al ritorno del sultanato di Ahmid che fu poi affidato al fratello Maometto V.

sione del contado. Per cui, divenuta la principale preoccupazione della "nuova Turchia", il mantenimento del potere presto ella venne ricondotta anche in politica estera alla tradizione che la voleva alleata della Germania.

A causa delle molteplici questioni nazionali – armena, curda, siriana, araba, greca - che dilaniavano la nazione turca, la diversità dei problemi di natura economica e sociale nelle diverse regioni dell'Impero, il sorgere di un capitalismo vigoroso nei giovani Stati balcanici vicini e, soprattutto, la lunga politica economica disgregatrice del capitale internazionale e della diplomazia internazionale in Turchia, che una concreta e reale rivitalizzazione della Stato turco fosse un'impresa a perdere e quanto il tentativo di tenere insieme quelle macerie avrebbe portato a un'azione reazionaria, era evidente in particolar modo alla socialdemocrazia tedesca.

Questa, già in occasione della rivolta cretese del 1896[53], aveva affrontato sulla stampa di partito la questione orientale, giungendo attraverso il riesame del punto di vista adottato da Marx al tempo della guerra in Crimea alla definitiva ricusa dell'integrità della Turchia quale conseguenza della reazione europea.

Nessuno seppe valutare altrettanto rapidamente e giustamente il regime dei Giovani Turchi per la sua sterilità sociale interna e il suo carattere controrivoluzionario come la stampa socialdemocratica tedesca. Già nell'estate del 1909 il governo presieduto dai Giovani Turchi dovette segnare il passo e questo portò alla revoca della costituzione e al ritorno formale del governo di Abdul Hamid. Il militarismo turco, addestrato dai tedeschi fallì miseramente già nella prima guerra balcanica[54]. E il conflitto odierno, in cui la Turchia è stata trascinata in quanto "protetta" dalla Germania, la condurrà, indipendentemente dall'esito della

---

[53] Ndt. La rivolta cretese del 1896, tra la popolazione locale e il governo ottomano dell'isola, durò tre anni e fu una delle tre grandi insurrezioni che portarono nel 1898 alla formazione di Creta come Stato indipendente.

[54] Ndt. La prima guerra balcanica ebbe inizio nel 1912, quando il Montenegro, seguito pochi giorni dopo da Serbia, Bulgaria e Grecia, dichiarò guerra all'Impero Ottomano. In meno di due mesi l'esercito turco subì una lunga serie di sconfitte via terra e via mare che lo portarono alla fine dello stesso anno a ricercare una soluzione diplomatica al conflitto.

stessa, al definitivo crollo dell'impero.

La posizione dell'imperialismo tedesco – ciò che è di primario interesse per la Deutsche Bank – ha portato il Reich tedesco a un antagonismo, in Oriente, con tutti gli altri Stati e soprattutto con l'Inghilterra. Questa, non solo aveva dovuto cedere ai rivali tedeschi, affari nei quali si trovavano in concorrenza e di conseguenza a grassi profitti in Anatolia e Mesopotamia, cosa cui dovette rassegnarsi. L'ampliamento strategico della rete ferroviaria e il rafforzamento dell'esercito avveniva in uno dei punti strategicamente rilevanti per la politica mondiale dell'Inghilterra. In *Ferrovia di Bagdad*, scrive Rohbach[55]:

"Un solo fianco l'Inghilterra ha lasciato scoperto in Europa: l'Egitto, dove è vulnerabile via terra e via mare. Perdendo l'Egitto, l'Inghilterra rinuncerebbe al dominio sul canale di Suez, ovvero la via di collegamento con l'India e l'Asia e anche alle colonie d'Africa. La conquista delle terra d'Egitto per mano di una potenza musulmana come la Turchia potrebbe avere inoltre pericolose ripercussioni sui sessanta milioni di musulmani sudditi dell'Inghilterra presenti India, in Afghanistan e in Persia. Tuttavia la Turchia può ambire all'Egitto a una sola condizione, dotandosi di linee ferroviarie che coprano l'Asia Minore e la Siria con diramazioni tali da permettergli di evitare un attacco dell'Inghilterra in Mesopotamia, il rafforzamento del comparto militare che sia di giovamento alle proprie finanze".

E in *La guerra e la politica tedesca* pubblicato alla vigilia della guerra mondiale, scrive:

"La ferrovia di Bagdad era fin dal principio pensata come canale di collegamento tra Costantinopoli e i centri militari dell'impero ottomano in Asia Minore con la Siria e le province sull'Eufrate e sul Tigri. Era da prevedersi che questa strada ferrata ed altre previste o attualmente in costruzione in territorio siriano e arabo sarebbero potute servire un giorno anche per spo-

---

[55] Ndt. Paul Rohrbach (1869 – 1956) è stato uno scrittore tedesco che trattò spesso tematiche inerenti le colonie della Germania

stare rapidamente l'esercito al confine con l'Egitto. Ora, appare evidente anche agli stolti che con la premessa di un'alleanza tedesco-turca, la cui realizzazione sarebbe cosa ancora meno semplice di quell'alleanza, la ferrovia di Bagdad rappresenta una polizza sulla vita stipulata dalla Germania a suo vantaggio".

Così apertamente i portavoce dell'imperialismo tedesco ne esposero i progetti in corso in Oriente. La politica tedesca si dipinse in questo modo in maniera precisa e ampia, rendendo noti tanto i suoi istinti famelici destinati a sconvolgere gli equilibri politici mondiali quanto il suo ruolo antagonista nei confronti dei britannici.

Nel contempo, perseguendo il progetto di mantenere l'integrità della Turchia, la Germania si pose in attrito con gli stati balcanici, le cui sorti e la rivitalizzazione interna si identificano con la liquidazione della Turchia europea. Inoltre, si pose in contrasto con l'Italia, le cui mire imperialistiche erano rivolte verso i possedimenti turchi. Così alla conferenza di Algeciras del 1905, quest'ultima non esitò a far fronte comune con Inghilterra e Francia. Sei anni dopo, la campagna italiana di Libia, conseguenza dell'annessione all'Austria della Bosnia che condusse alla Prima guerra balcanica[56], fu non solo una prima defezione dell'Italia, ma sancì il fallimento della Triplice Alleanza.

Le mire espansioniste tedesche non paghe, in Occidente, si rivelarono con la vicenda del Marocco. Bismarck favoriva le aspirazioni coloniali del governo francese per distoglierlo dall'Alsazia-Lorena e da altre aree continentali di maggiore importanza strategica.

Ora, diversamente dall'Asia Minore, la Germania non aveva interessi in Marocco, anche se, nel corso della crisi marocchina, saltarono fuori le pretese della Mannesmann di Remscheid che, in cambio di un prestito in denaro al sultano, aveva ottenuto

---

[56] Ndt. Nell'ottobre del 1908 l'Impero austro-ungarico decise di annettersi la Bosnia e la Erzegovina, generando una crisi che oltre ad incrinare la Triplice Alleanza, fu una delle cause indirette della guerra mondiale. Nel 1911 l'Italia, dichiarata guerra alla Turchia conquistò la Tripolitania e la Cirenaica, territori che insieme andarono in seguito a formare la Libia.

concessioni su alcuni impianti minerari del paese. Era noto a tutti quanto società come la Mannesmann o la Krupp-Schneider rappresentassero interessi non solo tedeschi, ma francesi, inglesi e spagnoli; ma la cosa, amplificata e strumentalizzata, fu fatta passare come vitale per la patria. Non stupì, quindi, quando il Reich tedesco nel 1905, avanzò la pretesa di cooperare a stilare lo statuto che avrebbe dovuto regolamentare gli interessi stranieri in Marocco come atto di protesta contro il dominio francese sul paese. Fu questo il primo vero scontro con la Francia nella politica mondiale.

E pensare che solo pochi anni prima, nel 1895, la Germania insieme a Francia e Inghilterra si era opposta al Giappone vittorioso per impedirgli di rivendicare i suoi diritti sulla Cina a Scimonosaki[57]; nel 1900 si unì alla Francia e altre nazioni nella spedizione di saccheggio a danno della Cina. Nella crisi marocchina, che portò due volte in sette anni sull'orlo di una guerra, non era più questione di spirito di rivalsa né di qualsivoglia antagonismo tra le due potenze, tanto che a conclusione, la Germania si accontentò del Congo francese, confermando così di non avere interessi rilevanti in Marocco e suscitando il sospetto che la sua azione in Marocco nascondesse un significato politico ben più ampio. Una sete rabbiosa di un capitalismo in rapida crescita che aspira ad accaparrarsi colonie, ovunque si trovino, contrapposto a un impero coloniale, quello francese, tenuto insieme a fatica e finanziato principalmente da operazioni finanziarie con l'estero e caratterizzato da un lento sviluppo e una popolazione stagnante.

D'altra parte, alla conquista delle colonie inglesi non era il caso di pensare, per cui la voracità dell'Imperialismo tedesco, oltre che in Asia Minore non poteva mirare come primo obiettivo che alle colonie dell'Impero francese, le quali avrebbero fornito anche un comodo indennizzo all'Italia per ripagarla a spese della Francia, delle ambizioni espansionistiche dell'impero austro-un-

---

[57] Ndt. Si tratta di una spedizione militare composta da otto nazioni (tra le quali Germania, Francia e Italia) diretta in Cina a trarre in salvo una moltitudine di cittadini stranieri e cinesi convertiti al cristianesimo in stato di assedio nella città di Tianjin. Sconfitto l'esercito imperiale cinese e i boxer (forze anti-cristiane), ne seguirono saccheggi di opere d'arte e stupri consumati dagli invasori sulla popolazione locale.

garico nella regione balcanica e tenerla in questo modo legata per interesse alla Triplice Alleanza.

Che le pretese tedesche in Marocco dovessero inquietare l'imperialismo francese appare evidente se si considera che la Germania, posto piede in qualsiasi angolo del Marocco anche il più remoto, avrebbe sempre rappresentato una minaccia per tutto il Nord Africa, la cui popolazione si trova perennemente in guerra contro l'invasore francese. L'indennizzo concesso alla Germania se pure allontanò il pericolo nell'immediato, lasciç vivo il timore nei francesi che un antagonismo in ambito mondiale con i tedeschi fosse ormai l'ordinario.

Tuttavia, con la strategia adottata in Marocco, la Germania non si mise solo in contrasto con la politica coloniale francese, ma indirettamente, anche con quella inglese. Infatti, lì si trova il secondo, in ordine di importanza, snodo della politica mondiale britannica: Gibilterra, che l'improvviso fiorire dell'imperialismo tedesco, con le sue pretese e la veemenza della sua azione ne metteva in pericolo l'integrità e l'appartenenza. Anche formalmente la prima protesta della Germania era rivolta all'accordo stipulato tra Francia e Inghilterra nel 1904[58], e tentava di estromettere l'Inghilterra dal regolamento di conti con la Francia per il Marocco.

L'effetto di questa svolta nei rapporti tedeschi-inglesi non rimase segreto ad alcuno. Il corrispondente da Londra del *Franfurter Zeitung,* nel numero dell'8 novembre 1911, in merito a questi rapporti deterioratisi, ebbe a scrivere:

"... questa è la conclusione: un milione di negri in Congo, una grande afflizione e altrettanta collera contro la perfida 'Albione'. La delusione la Germania la supererà, ma cosa sarà dei nostri rapporti con l'Inghilterra? Essi non possono andare avanti così perché ci condurranno inevitabilmente a una guerra... il viaggio della *Panther*[59] come bene si è espresso un corrispondente da

---

[58] Ndt. A causa delle tensioni internazionali causate dal riarmo della Germania, l'otto aprile 1904 Francia e Inghilterra giunsero a un accordo pacifico sulle reciproche sfere di influenza coloniale. Con questo, si legittimava la presenza francese in Marocco e quella inglese in Egitto

[59] Ndt. La *Panther* era una cannoniera della Marna tedesca che acquisì notorietà internazio-

Berlino del *Frankfurt Zeitung* è stato un pugno nello stomaco,
atto a testimoniare alla Francia che la Germania è ancora viva...
Sull'effetto sortito da questo colpo non c'erano dubbi a Berlino;
e infatti, nessun giornale nazionale si è mostrato dubbioso del
fatto che l'Inghilterra si sarebbe subito schierata con la Francia.
Come si può dunque continuare a scrivere sul *Norddeutsche
allegeimeine zeitung*[60] che la Germania *ha a che fare con la sola
Francia*! Negli ultimi secoli si è assistito in Europa a un sviluppo
sempre crescente degli interessi politici. Laddove *uno* viene mal-
trattato, in virtù delle leggi naturali cui siamo sottoposti, gli altri,
in parte con gioia, in parte con dolore, ne risentono. Quando due
anni fa gli austriaci si trovarono a dover risolvere con la Russia la
questione della Bosnia, la Germania scese subito in campo a difesa, per quanto a Vienna, come fu detto a posteriori, avrebbero
gradito risolversela da soli... Non si capisce come a Berlino si sia
potuto credere che gli inglesi, i quali avevano appena superato
un periodo di agitazione anti-tedesca, si sarebbero persuasi che i
nostri problemi con la Francia non li riguardassero. In definitiva,
si trattava di una *questione di potenza*, perché un fendente nello
stomaco per quanto possa apparire gioviale è qualcosa di aggressivo e, nessuno può prevedere quando ne seguirà un pugno ben
assestato... Da quel momento la situazione è parsa meno critica.
Nel momento in cui parlò Lloyd George[61] sussisteva, come siamo informati con la massima esattezza, il pericolo concreto di
un conflitto armato tra Germania e Inghilterra... Dopo questa
politica perseguita da tempo da Edward Grey[62] e dai suoi rappresentanti e di cui non cercheremo di dare una giustificazione, ci

---

nale nel 1911 quando fu schierata davanti al porto marocchino di Agadir per rafforzare le
rivendicazioni della Germania sui possedimenti francesi in Africa. Questo episodio contribuì
ad aumentare le tensioni tra Francia e Germania, tensioni che poi sfociarono nella Prima
guerra mondiale.

[60] Ndt. Quotidiano tedesco, pubblicato a Berlino dal 1861 al 1945.

[61] Ndt. Lloyd George (1863 – 1945), politico britannico, diede im-pulso alle riforme sociali in
Gran Bretagna e insieme ad altri fu responsabile dell'assetto mondiale dopo la Prima guerra
mondiale.

[62] Ndt Edward Grey (1862-1933), fu ministro degli esteri inglese dal 1905 al 1916. Strenuo
difensore dell'Impero britannico, fu promotore dell'Accordo anglo-Russo, che diede origine
alla Triplice Intesa.

si poteva aspettare da loro un altro atteggiamento sul problema del Marocco? A noi pare che se a Berlino si fa questo, in ciò la politica berlinese è giudicata".

In questo modo, la politica imperialista aveva determinato, in Asia prima e in Marocco poi, un grave dissidio tra Germania e Inghilterra, come pure tra Francia e Germania. Ma a che punto erano le relazioni tra Germania e Russia? Cosa sta alla base dell'urto su questo fronte? Nell'atmosfera da *progrom*, che si era impadronita dell'opinione pubblica tedesca nelle prime settimane di guerra, si credeva ad ogni cosa. Si credeva che le donne belghe cavassero gli occhi ai feriti tedeschi, che i cosacchi mangiassero candele di stearina, prendessero i neonati e li facessero a pezzi, si riteneva pure che il fine primo dell'entrata in guerra dei russi, fosse l'annientamento del Reich tedesco e il prendere possesso del nostro territorio.

Riportava in data 2 agosto il giornale socialdemocratico *Chemnitzer Volksstimme*:

"In questo momento è nostro dovere batterci contro il dominio russo del knut[63]. Le donne e i bambini tedeschi non devono diventare vittime della barbarie russa, la terra tedesca non deve cadere in mano dei cosacchi. Perché se la Triplice Intesa avesse la meglio, non un governatore inglese o un repubblicano francese, ma uno zar governerebbe la Germania. Per cui, noi siamo chiamati a difendere tutto ciò che chiamiamo civiltà e libertà, la nostra, contro un nemico sanguinario e gretto".

E il *Frabnkische Tagespot*, lo stesso giorno:

"Non vogliamo che i cosacchi, che già hanno occupato tutte le nostre terre di confine prendano possesso delle nostre città. Non vogliamo che lo zar al cui amore per la pace e la socialdemocrazia non ho mai creduto, il quale è il peggior nemico del suo stesso popolo estenda il suo imperio su genti di stirpe tedesca".

---

[63] Ndt. Il *knut* è una frusta di cuoio, utilizzata per flagellare i criminali e gli oppositori politici, fece la sua comparsa in Russia nel XV secolo sotto il regno di Ivan III.

Il 3 agosto il *Konigsberger Volkeszeitung* scriveva:

"Nessuno tra noi, militarizzato o meno, può dubitare che il
suo dovere sia, finché perdura questa guerra, fare quanto in suo
potere per tenere a distanza dai confini l'infame zarismo che, se
vincitore destinerebbe migliaia di nostri connazionali alle terribili carceri russe. Sotto la Russia, non c'è segno alcuno di democrazia popolare, la stampa socialdemocratica non è permessa allo
stesso modo in cui è repressa qualsiasi forma di associazionismo.
Ragione per cui a nessuno di noi balza in mente l'idea di abbandonare al caso, in quest'ora fatale, la questione se la Russia debba
vincere o meno; ma noi tutti mettendo da parte la nostra ostili-
tà alla guerra, dobbiamo collaborare per salvaguardare noi stessi
dagli orrori di quei demoni che tengono soggiogata la Russia".

Sul rapporto della civiltà tedesca con lo zarismo russo, poiché
rappresenta un capitolo a sé nella condotta della socialdemocrazia tedesca in guerra, parleremo più avanti. Per ciò che riguarda, invece, l'aspirazione dello zar di fagocitare lo stato tedesco,
altrettanto si potrebbe dire che l'intenzione della Russia era di
annettersi l'intera Europa e fosse stato possibile, persino la luna.
Nella guerra attuale, solo due stati rischiano di scomparire e questi sono il Belgio e la Serbia. Contro entrambi sono state puntate
le armi tedesche, gridando ai quattro venti che ne andava dell'e-
sistenza del nostro paese. Con i credenti dell'assassinio rituale,
non c'è margine di discussione, ma con quanti non prestano
orecchio alle ciance del popolino e alle vuoti frasi della stampa di
propaganda e guardano con interesse ai diversi punti di vista politici, deve essere ben chiaro che lo zar poteva perseguire lo scopo
di annettersi la Germania, come quello di far suo il mondo intero. A guidare la politica russa non sono dei folli, ma degli astuti
birbanti e il loro assolutismo ha almeno un tratto in comune con
le altre politiche, ovvero, che non agisce circoscritto alla sfera oni-
rica ma nel mondo delle possibilità concrete.

Per quanto concerne il temuto fermo e confino in Siberia dei
compagni tedeschi e la temuta introduzione dell'assolutismo za-

rista applicato alla Germania, gli uomini di governo russi, fermo restando la loro inferiorità spirituale, sono di gran lunga migliori materialisti di quanto lo sia la nostra stampa di partito; infatti, essi sanno fin troppo bene che una forma politica di stato non può essere applicata dappertutto, ma che deve corrispondere a determinate situazioni socio-economiche, come altrettanto sono a conoscenza, per esperienza personale che persino in Russia la situazione si è sviluppata fin quasi a sfuggire al loro controllo; e sono a conoscenza, infine che anche la nazione imperante può sostenere una forma di assolutismo solo quando sia in forma corrispondente alla situazione di classe del paese dove la si vuole applicare: la tedesca è quella degli Hohenzollern[64] e del diritto di voto prussiano delle tre classi[65].Dopo accurata analisi, dunque, non c'era ragione di preoccuparsi del fatto che lo zarismo russo, anche nell'ipotesi irrealistica di una sua completa vittoria, si sentisse spinto ad abbattere questi derivati della civiltà tedesca.

In verità tra Germania e Russia sussistevano contrasti assai diversi, non nell'ambito della politica interna, che per tendenza comune aveva dato origine a una secolare amicizia tra le due potenze, ma in politica estera. L'imperialismo russo, parimenti a quello di altri stati occidentali, è frutto di diversi fattori. Il principale, però, non è dato, come in Germania e in Inghilterra, dall'espansione economica del capitale bramoso di far guadagni, ma dall'interesse politico dello Stato. L'impianto industriale russo, seppur prestando particolare attenzione all'interpretazione del mercato interno, è incoraggiato da tempo dal governo zarista ad esportare in Cina e Persia) perché paesi che rientrano nella sua "sfera di interesse". Tuttavia, qui la politica dello Stato non è parte determinata, ma determinante. Se da un lato, nelle tendenze colonialiste dello zarismo, si rende manifesta l'espansione

---

[64] Ndt. Dinastia tedesca di principi elettori.

[65] Ndt. Se il Reichstag veniva eletto a suffragio universale, tramite legge elettorale che favoriva i collegi di campagna a scapito delle città popolose, per il parlamento prussiano vigeva il sistema delle tre classi: gli elettori venivano a seconda delle tasse corrisposte allo Stato, divisi in tre fasce, ciascuna delle quali eleggeva un eguale numero di deputati indipendentemente dal numero di persone da cui era composta. Il sistema danneggiava evidentemente il proletariato e questo è testimoniato dal fatto che la socialdemocrazia, il partito più forte, contava un numero irrisorio di rappresentanti al Landtag prussiano.

tradizionale di un impero, la cui popolazione oggi conta cento-settanta milioni di abitanti, che per ragioni economiche e strategiche cerca di giungere a un sbocco sul mare libero, Oceano Pacifico ad Oriente e Mediterraneo del sud, dall'altro lato, qui mette voce anche l'interesse di rilevanza vitale dell'assolutismo: la necessità di non essere da meno a nessuno nelle questioni di politica mondiale, allo scopo di assicurarsi all'estero il credito finanziario, senza il quale lo zarismo sarebbe incapace di esistere. Si tenga presente, infine, come in tutte le monarchie, l'interesse dinastico, causa spesso di malcontento popolare, necessiti di mantenere un alto prestigio all'estero per distogliere l'attenzione dalle difficoltà interne da cui è attraversato, in quanto elemento corroborante e lenitivo.

Tuttavia, anche interessi borghesi vanno presi in considerazione come fattori imperialistici dell'impero zarista. Il capitalismo russo, che sotto un regime assolutistico viene ostacolato nello sviluppo e non può uscire dallo stato brigantesco primitivo, ciononostante vede davanti a sé un luminoso avvenire grazie alle illimitate risorse naturali di cui dispone quel gigantesco impero. Non c'è alcun dubbio che una volta liberatosi dell'assolutismo sotto cui soggiace, la Russia, crescerà rapidamente fino a divenire il primo Stato capitalistico moderno. È il presentimento di ciò è la fame di accumulo di capitale che anima la borghesia russa con una spinta espansionistica marcata ad avanzare pretese sulla spartizione del mondo.

Questi sono, in primo luogo, i comprensivi interessi dell'industria degli armamenti e dei suoi fornitori: infatti, anche in Russia l'industria pesante, fortemente cartellizzata, svolge un ruolo rilevante. Secondariamente, l'opposizione contro il nemico interno, il patriarcato insurrezionalista, che ha fatto apprezzare alla borghesia russa il militarismo, rafforzando l'efficacia della politica mondiale come diversivo e raccogliendo le classi agiate sotto il regime vigente. In Russia, l'imperialismo dei circoli borghesi, specialmente liberali, è cresciuto a perdita d'occhio grazie alla minaccia di una rivoluzione e in questo, la politica estera tradizionale zarista ha acquisito un'impronta moderna. Fine primo, tanto della politica dello zar quanto degli attuali appetiti della borghesia russa, sono ora i Dardanelli, i quali rappresentano, secondo la celebre espressione di Bismarck, la chiave del palazzo che custodisce i possedimenti russi sul Mar Nero. A ragione di questa causa la Russia, fin dal XVIII secolo, ha intrapreso tutta una serie di campagne militari in Turchia, si è caricata della missione liberatrice dei Balcani e sparso cadaveri a Ismail, Navarrino, Sinope, Silistria, Sebastopoli, Plevna e Scipka. La pretesa difesa dei fratelli slavi e cristiani dalle atrocità turche svolgeva verso il *mugik*[66] russo, la funzione di leggenda di guerra, come oggi la salvaguardia della civiltà tedesca e del suo territorio dalla barbarie russa, funge da scusa alla guerra per la socialdemocrazia tedesca.

La borghesia russa era più interessata al Mediterraneo che alle spedizioni in Manciuria e Mongolia. La guerra con il Giappone fu giudicata insensata dalla borghesia liberale, perché distoglieva la Russia di Balcani. E in un certo qual modo il conflitto giapponese agì parimenti sulle mire espansionistiche russe in Persia e in Tibet. Preoccupata per l'India, l'Inghilterra guardava con diffidenza alle spedizioni asiatiche dell'impero zarista. E infatti, all'inizio del XX secolo, l'antagonismo anglo-russo fu il più acceso in scala mondiale e solo la clamorosa sconfitta della Russia nel 1904[67] e lo scoppio della rivoluzione[68] cambiarono o stato delle cose. All'indebolimento dell'impero zarista seguì una distensione con l'Inghilterra, che nel 1907 portò a un accordo sulla Persia, Iran e a rapporti di buon vicinato tra le due potenze in Asia centrale.

Così, per il momento, vedendosi preclusa la strada per espan-

---

[66] Ndt. Contado.

[67] Ndt. Il riferimento è al conflitto russo-giapponese del 1904-05 scaturito dalle ambizioni di entrambi gli imperi su Manciuria e Corea, conclusosi con la sconfitta dei russi, i quali dovettero riconoscere al Giappone supremazia sulla Corea.

[68] Ndt. Si tratta della Prima rivoluzione russa scoppiata nel 1905 a seguito della sconfitta con il Giappone. La causa scatenante fu la repressione dell'esercito zarista di una manifestazione pacifica di operai di San Pietroburgo che si erano radunati davanti al Palazzo d'Inverno per presentare una petizione allo zar Nicola II. Questa, inaccettabile per il regime, chiedeva libertà di parola, di stampa, istruzione pubblica obbligatoria e gratuita, imposta progressiva sul reddito, distribuzione della terra ai contadini, la legalizzazione dei sindacati, il diritto di sciopero, giornata lavorativa di otto ore e previdenza assicurata ai lavoratori da parte dello Stato.

dersi ad Oriente, la Russia zarista rivolse tutte le sue energie nei Balcani, venendo meno a un secolo di amicizia con il popolo tedesco, perché se anche i Dardanelli appartengono alla Turchia da un decennio, la Germania considera l'integrità di quest'ultima, e quindi del sopra citato Stretto che collega il Mar di Marmara all'Egeo, di vitale importanza per la sua politica mondiale. Vero è che il mondo è cambiato e la Russia, amareggiata dal comportamento dei popoli slavi della regione balcanica liberati – i quali cercavano di sottrarsi all'influenza zarista – ha sostenuto l'integrità della Turchia, persuasa che la spartizione del territorio era conveniente rimandarla a tempi più propizi.

Adesso, però, la liquidazione della Turchia è nei piani della Russia e dell'Inghilterra, la quale, da parte sua, per rafforzare la propria posizione in India e in Egitto, tende a riunire i territori turchi tra l'Arabia e la Mesopotamia in un unico sultanato a guida Britannica. Come già accaduto con l'imperialismo russo in precedenza, quello inglese venne in attrito con il tedesco che, in quanto beneficiario privilegiato dello smembramento turco, aveva preso su di sé l'onere di pattugliare il Bosforo. Nel 1908, il liberale russo Peter v. Struve[69] ha scritto:

"È il momento di dire chiaramente che c'è una sola strada per fare grande la Russia e questa richiede il concentramento di tutte le forze disponibili su un territorio che sia accessibile all'influenza russa. Questo territorio è la regione che comprende il Mar Nero e tutti i paesi europei ed asiatici che su quello hanno sbocco. Lì noi disponiamo di una base concreta per una supremazia economica: uomini, carbon fossile e ferro. Su questa base e su essa soltanto, potrà essere compiuta un'opera di civilizzazione, che deve essere sorretta e foraggiata dallo Stato, perché è nel suo interesse".

Poco prima dell'entrata nella Guerra mondiale della Turchia[70], lo stesso Struve commentò:

---

[69] Ndt. Peter Struve (1870-1944) è stato un economista e politico russo.

[70] Ndt. L'impero Ottomano entrò in guerra a fianco della Germania il 29 ottobre 1914 con un attacco a sorpresa portato ai russi sul Mar Nero.

"Fra i politici tedeschi si è fatta strada l'idea di una politica indipendente turca che preveda un programma di 'egizianizza-zione' della Turchia sotto la Germania. Il Bosforo e lo Stretto dei Dardanelli avrebbero dovuto fungere come una sorta di Canale di Suez tedesco. Già prima del conflitto italo-turco che cacciò la Turchia dall'Africa, e prima della guerra dei Balcani, che quasi eliminò i turchi dall'Europa, la Germania si prefissò, il compito di mantenere la Turchia indipendente nell'interesse dell'economia e della politica tedesca. Dopo queste guerre, tale compito mutò in quanto si era fatta evidente la debolezza della Turchia e fu chiaro che un'alleanza doveva risolversi in un protettorato che avrebbe ridotto l'impero ottomano alla stregua dell'Egitto. Tuttavia è evidente che un Egitto tedesco sul Mar Nero e il Mar di Marmara sarebbe stato per i russi intollerabile per cui non stupisce che il governo russo abbia subito protestato contro questa politica, come per la missione Liman Sanders[71]. Formalmente, la Russia ebbe soddisfazione in questo affare, ma in realtà le cose cambiarono ben poco. In queste condizioni, nel 1913 si prospettava imminente una guerra tra Russia e Germania: la missione militare Liman Sanders aveva scoperto il fine della politica tedesca tesa all'*eginizzazione* della Turchia. Questa nuova direzione della politica tedesca era di per sé sufficiente a scatenare una guerra tra i due imperi. Nel dicembre del 1913 entrammo dunque nel periodo di incubazione di un conflitto destinato ad assumere proporzioni mondiali".

Tuttavia, la politica Russa, ancora più che con la Germania, si pose in attrito con l'Austria. La Germania, che a causa della sua politica mondiale si è isolata, trova un alleato nella sola Austria. L'alleanza tra i due paesi è di vecchia data, infatti la si doveva già a Bismarck nel 1879[72]. Fatto sta che da allora ha mutato pelle, e

---

[71] Ndt. Fu una missione militare in Turchia, condotta da Otto Liman Sanders (1855-1929), per riorganizzare, modernizzare l'esercito turco e costituire e comandare un corpo di armata a Costantinopoli.

[72] Ndt. L'alleanza tra Austria e Germania risale appunto al 1879 e portò i due paesi a stipulare nel 1882 un patto militare difensivo motivato dal pericolo di un attacco russo.

come l'antagonismo con la Francia, l'amicizia con l'Austria si è arricchita di contenuti.

La preoccupazione di Bismarck era la tutela dei territori conquistati con le guerre del 1864 e del 1870. La Triplice Alleanza da lui conclusa, che aveva esclusivamente fini conservativi, sanciva il definitivo rifiuto dell'Austria ad entrare nella Confederazione degli Stati tedeschi, la supremazia militare della Prussia e confermava il frazionamento nazionale della Germania. Alle ambizioni balcaniche dell'Austria Bismarck era contrario, come altrettanto avversava le conquiste tedesche in Sudafrica, infatti nel suo libro *Pensieri e ricordi*, si legge:

"È naturale che le popolazioni del bacino danubiano abbiano necessità, ambizioni e progetti che vanno oltre gli odierni confini della monarchia: la costruzione del Reich tedesco è di esempio all'Austria per giungere a una conciliazione tra i suoi interessi di ogni genere tra i confini orientali sulle genti di stirpe rumena e le bocche di Cattaro.[73] *Tuttavia non è certo compito dell'Impero tedesco mettere a rischio i suoi sudditi e i loro beni per soddisfare le mire di uno stato vicino*".

Lo stesso Bismarck ha espresso lo stesso concetto in modo assai più crudo e tombale: "La Bosnia non vale la vita di un solo granatiere di Pomerania".

Che Bismarck non avesse alcuna intenzione di porre la Triplice Alleanza a servizio delle mire espansionistiche austriache, ne è testimonianza il patto stipulato nel 1844 con la Russia, secondo il quale il Reich tedesco nel caso di un conflitto russo-austriaco, avrebbe conservato la sua neutralità.

Da quando la Germania ha dato una svolta imperialistica alla sua politica, i rapporti con l'Austria sono mutati. L'impero austro-ungarico si trova tra la Germania e i Balcani ovvero sul sentiero battuto dalle ambizioni orientali tedesche. Avere l'Au-

---

[73] Ndt. Sono una serie di insenature della costa dalmata meridionale in territorio montenegrino che danno sull'Adriatico.

stria come avversaria, nell'isolamento in cui si trova la Germania a causa della sua politica, equivalerebbe a rinunciare a ogni progetto di portata mondiale. Pure nel caso del crollo dell'Impero austro-ungarico o di un suo indebolimento, che si identifica con la subitanea liquidazione della Turchia e il rafforzamento della Russia, degli Stati balcanici e del Regno Unito, quand'anche ne risultasse il rafforzamento della Germania e della sua unità nazionale, segnerebbe la fine di ogni proposito imperialista. Per cui la salvezza e la sopravvivenza della monarchia degli Asburgo, per l'espansionismo tedesco, assunse una rilevanza inferiore al mantenimento della Turchia.

L'Austria, tuttavia, rappresenta una minaccia continua alla pace nei Balcani. Da quando il progressivo disfacimento della Turchia ha portato al rafforzamento degli Stati balcanici prossimi all'Austria, ha preso piede una rivalità tra l'Austria e i suoi giovani vicini. Il sorgere di Nazioni indipendenti nei paraggi della monarchia, la quale, a sua volta costituita da porzioni di quegli stessi stati, è capace di governarle solo con la forza, verrebbe amplificato dalla disgregazione della monarchia di per sé poco organizzata. L'incapacità vitale dell'Austria è testimoniata dai suoi rapporti con la Serbia. L'Austria a dispetto dei suoi appetiti espansionistici, che si rivolgevano ora su Salonicco, ora su Durazzo, non è stata capace di fare sua la Serbia, nemmeno quando questa non aveva ancora acquisito, nelle guerre balcaniche, forza e territori. In *Perché la guerra tedesca?*, si legge:

"La Russia già in passato aveva provato ad allettarci offrendoci i territori comprendenti quei dieci milioni di tedeschi austriaci, che nel 1866 e nel 1870-71 dovettero rimanere fuori dal piano di unità nazionale. Se noi avessimo abbandonati gli Asburgo, oggi sconteremmo il prezzo di quel tradimento".

Annettendo la Serbia, l'Austria avrebbe rafforzato al suo interno una delle popolazioni slave più turbolente, che in ogni caso, difficilmente avrebbe saputo tenere a freno anche facendo ricorso alla forza bruta. Tuttavia, l'Austria non può tollerare lo sviluppo di una Serbia indipendente e trarne profitto tramite usuali rapporti commerciali, poiché la monarchia asburgica mancando dell'organizzazione politica di uno Stato borghese, si presenta come un'associazione parassitaria, della società, intenzionata a arraffare a piene mani fin quando regge la monarchia. Nell'interesse del lettore agrario ungherese e per il rincaro ingiustificato dei prodotti della terra, il governo austriaco vietò l'importazione dalla Serbia di bestiame e frutta, precludendo così ai contadini di quel paese il principale mercato di smercio. In favore della sua industria cartellizzata, l'Austria obbligò la Serbia d acquistare merce venduta a prezzi esagerati da essa, al fine di mantenere il paese vicino, da lei economicamente e politicamente dipendente. Inoltre l'Austria precluse alla Serbia di procurarsi uno sbocco sull'Adriatico stringendo accordi con la Bulgaria e occupando il maggiore porto albanese.

Il *Kolnische Zeitung*, immediatamente dopo l'attentato di Sarajevo, scrisse:

"I non dotti in materia si chiederanno perché l'Austria, nonostante i benefici apportati alla Bosnia, sia tanto odiata dai serbi i quali costituiscono il 42% della popolazione. La risposta la capirà soltanto il conoscitore del popolo e delle circostanze, mentre chi è avvezzo alle situazioni che vengono solitamente a crearsi in Europa non ne apprenderà niente. Ebbene, l'amministrazione della Bosnia è risultata deficitaria nella struttura e nei suoi precetti fondamentali e di questo è responsabile l'ignoranza che pure oggi, dopo più di una generazione dall'avvenuta occupazione, regna sul paese".

La politica balcanica austriaca mirava, dunque, allo strangolamento della Serbia e allo stesso tempo ad impedire un avvicinamento tra gli Stati balcanici e lo sviluppo di una loro economia interna. A causa di queste inclinazioni austriache e alla concorrenza dell'Italia, dopo la Seconda guerra balcanica poté costituirsi, sotto la reggenza tedesca, una sorta di Albania indipendente destinata ad essere solo una pedina sullo scacchiere degli equilibri continentali.

Ragione per cui la politica espansionistica austriaca dell'ultimo decennio fu di ostacolo allo sviluppo dei Balcani, sollevando così il dilemma: o la monarchia asburgica, o la crescita economica della regione. Emancipatisi dalla Turchia, si trovavano adesso nella necessità di liberarsi di ogni ingerenza austriaca. La liquidazione dell'Impero austro-ungarico è soltanto la continuazione dello sfacelo della Turchia ed entrambe un'esigenza del progresso di civilizzazione.

Tuttavia, la soluzione di questo problema non poteva altro che essere una guerra mondiale. Infatti, dietro la Serbia c'era la Russia, la quale non poteva rinunciare al suo ruolo nei Balcani senza pregiudicare i suoi progetti espansionistici ad Oriente. La *governance* zarista, in netto contrasto con i piani austriaci, progettò di riunire gli stati balcanici sotto un protettorato russo. Ne nacque una lega balcanica che, con la guerra vittoriosa del 1912[74], liberatasi dei turchi, veniva indirizzata ora contro l'Austria. Vero è che, malgrado gli sforzi russi, la lega ebbe vita breve, rompendosi con la seconda guerra dei Balcani[75], costringendo la Serbia a stringere un'alleanza con la Russia che gli rendeva nemica giurata l'Austria.

La Germania, legata alla monarchia asburgica, si trovò a coprire la politica reazionaria di questa nei paesi balcanici ponendola in aperto contrasto con la Russia. La politica balcanica austriaca portò, inoltre, all'antagonismo con l'Italia interessata alla liquidazione della Turchia, non meno dell'Austria. L'imperialismo dell'Italia trova, nei territori a lei confinanti austriaci, un velo dietro cui nascondere il suo interesse nella riorganizzazione dei Balcani e in particolare sull'Albania. La Triplice Alleanza, che già nella guerra di Tripoli aveva subito un grave colpo, venne definitivamente affondata e le due principali potenze europee che la componevano, vennero a porsi in contrasto con tutto il mondo. Fu allora che l'imperialismo tedesco, incatenato a due cadaveri,

---

[74] Ndt. La prima guerra dei Balcani (1912) fu combattuta tra il Montenegro (al quale si unirono Bulgaria, Serbia e Grecia) contro l'Impero Ottomano

[75] Ndt. La seconda guerra dei Balcani (1913) fu un conflitto scatenato a seguito della prima, dalla Bulgaria che non voleva riconoscere l'annessione della Macedonia alla Serbia e fu una delle cause che condusse alla Prima guerra mondiale.

puntò deciso verso una guerra mondiale.

Del resto, il succedersi degli eventi è cosa nota. L'Austria da diversi anni correva verso la rovina. L'arciduca Francesco Ferdinando e il fido barone Chlumecky[76] erano in cerca di pretesti per scatenare una guerra. Nel 1909, per istigare il necessario furore tra i tedeschi, i due fecero falsificare dal dottor Friedmann[77] dei documenti che riportavano di una congiura ordita dai serbi a danno della monarchia asburgica. Alcuni anni dopo, la notizia del martirio subito dal console Prochaska[78] a Uskub sarebbe stata la miccia accesa che avrebbe fatta saltare in aria la polveriera, mentre l'interessato viveva serenamente nella città dove continuava a svolgere indisturbato le sue funzioni. Poi, ci fu l'attentato di Sarajevo, un delitto a lungo progettato e capace di suscitare rabbia e indignazione.

"Mai un sacrificio di sangue sortì un altrettanto effetto risolutivo e liberatorio", gioirono i portavoce dell'imperialismo tedesco, il quale si risolse a sfruttare i cadaveri degli arciduchi finché erano ancora caldi. A seguito di una breve comunicazione con Berlino, la guerra fu decisa e inviato l'ultimatum destinato a incendiare tutti i paesi a regime capitalistico.

Gross-Oesterreich scrisse per settimane articoli sul seguente tono:

"Se si vuole vendicare la morte dell'arciduca in modo degno, si ponga in atto quanto prima il testamento politico che ci ha lasciato. Da anni aspettiamo la soluzione definitiva di tutte le tensioni che gravano sulla nostra politica. Tutti noi sappiamo che soltanto da una guerra potrà sorge la nuova grande Austria, il felice regno liberatore dei suoi popoli e per questo noi vogliamo un conflitto. Noi desideriamo la guerra perché abbiamo la cer-

---

[76] Ndt Johann von Chlumecky (1834 – 1924) fu statista austriaco.

[77] Ndt. In realtà a falsificare i documenti fu Heinrich Fridjung (1851- 1920).

[78] Ndt. Karol Prohaska, del quale le autorità austriache sparsero la voce dell'arresto da parte dei serbi nel novembre del 1910, era console di Prisren.

tezza che solo tramite essa potremo conseguire il nostro ideale: una 'grande Austria' forte, in cui il concetto austriaco di Stato e la missione di cui ci siamo investititi di portare la civiltà ai popoli balcanici fioriscano alla luce di un grande avvenire. Da quando improvvisamente è morto il Grande, la cui mano forte e inflessibile ci avrebbe dato un avvenire fiorente, la guerra è l'unica carta su cui ci giochiamo tutto. Forse l'eccitazione contro la Serbia che domina in Austria e in Ungheria, a seguito di questo attentato, condurrà a un'esplosione contro la Serbia e dopo anche contro la Russia. L'arciduca Francesco Ferdinando, da solo, ha potuto preparare questo progetto, non condurlo a termine. È auspicabile che la sua morte sia stato il sacrificio di sangue necessario per infiammare tutta l'Austria di ardore espansionistico".

L'attentato di Sarajevo aveva solo fornito la scusa. Tutto era già predisposto alla guerra da diverso tempo: ogni anno un accadimento politico valeva a renderla quanto più prossima; l'annessione della Bosnia (1909), la Seconda crisi del Marocco (1911), l'occupazione di Tripoli (1912), le due guerre balcaniche (1912, 1913). Tutti gli investimenti militari fatti con l'obiettivo di giungere a questa guerra, ritenuta da più parti un'inevitabile resa dei conti. Almeno cinque volte nell'ultimo decennio la guerra fu sul punto di deflagrare: nel 1905, quando la Germania intese per la prima volta avanzare pretese sul Marocco; nel 1908, allorché Russia, Inghilterra e Francia dopo il convegno di Tallinn volevano mandare un ultimatum alla Turchia sulla questione macedone e la Germania era pronta a scendere a fianco di una Turchia in guerra, conflitto che fu evitato dallo scoppio della rivoluzione nazionalista dei Giovani Turchi; nel 1909 quando la Russia rispose all'annessione della Bosnia da parte degli austriaci con una mobilitazione; nel 1911, quando la *Panther* venne inviata ad Agadir; e infine nel 1913, allorché la Germania, in vista del pianificato ingresso russo in Armenia, dichiarò formalmente alla *governance* zarista, di essere pronta alla guerra. È evidente quanto l'attuale guerra mondiale negli otto anni precedenti era stata solo rimandata perché qualcuna delle parti interessate non aveva ancora portato a termine i preparativi.

L'odierno conflitto mondiale era maturo anche senza l'attentato di Sarajevo, senza l'invasione russa della Prussia orientale e gli avieri francesi su Norimberga; la Germania l'aveva soltanto posticipato al momento a lei più propizio. Al tal proposito basta leggere la seguente considerazione degli imperialisti tedeschi:

"Se da parte dei cosiddetti pangermanisti, durante la crisi del Marocco del 1911, la politica tedesca fu accusata di debolezza; questa errata idea si giustifica unicamente con il fatto che, quando mandammo la *Panther* ad Agadir, la costruzione del canale di sbocco sul Mare del Nord non era ancora conclusa; la trasformazione di Helgoland in una imponente fortezza marittima era ben lontana da essere portata a termine e la nostra flotta in confronto a quella inglese inadatta alla guerra. In queste circostanze, quando si sa che negli anni a venire si avranno concrete possibilità di vittoria, scatenare una guerra di proporzioni mondiali sarebbe stato da sconsiderati".

Era necessario, dunque, prima modernizzare e armare la marina e approvare i finanziamenti per le opere militari. Nell'estate del 1914 la Germania si sentì pronta alla guerra, mentre la Francia e la Russia avevano i loro problemi da risolvere. Rohrbach, scrisse sulla situazione in essere del 1914:

"Per noi e l'impero Austro-Ungarico la preoccupazione stavolta era che, tramite un apparente condiscendenza della Russia, potessimo trovarci moralmente costretti ad attendere finché la Francia e la Russia fossero pronte per la guerra".

In altri termini, la preoccupazione nel luglio 1914 era che la Germania avesse un piano di pace ritenuto da Russa e Serbia accettabile: era assolutamente necessario, stavolta, costringerli alla guerra. E la cosa riuscì: "È con profondo rammarico che abbiamo visti ignorati tutti i nostri sforzi per trovare una soluzione pacifica alle nostre recriminazioni e conservare la pace...".

A onore del vero, quando le truppe tedesche entrarono in Belgio e il paese venne posto di fronte al fatto compiuto della guerra, la cosa non rappresentò una sorpresa per nessuno e men che meno per il gruppo parlamentare socialdemocratico. La guerra, iniziata ufficialmente il 4 agosto 1914, era la stessa per la quale l'imperialismo tedesco operava da decenni; la stessa il cui avvicinarsi della socialdemocrazia aveva presagito da diversi anni; la stessa che i delegati governativi e le testate giornalistiche di tendenza socialdemocratica aveva migliaia di volte giudicata come un delirio imperialistico che non trovava alcuna giustificazione negli interessi nazionali.

Infatti, non per l'esistenza del libero sviluppo germanico, ma come dice la dichiarazione del gruppo socialdemocratico, dei profitti della Deutsche Bank nella Turchia orientale, dei futuri affari di Mannesmann e Krupp in Marocco, della sopravvivenza della monarchia asburgica, come riportò il *Vorwartsil*, nel luglio del 1914, del bestiame, dei prodotti ortofrutticoli ungheresi, dello strombazzare della più becera propaganda, del mantenimento del governo turco dei *Bascibuzuk*[79] in Asia Minore e della controrivoluzione dei Balcani che si erano prese le armi. Una parte consistente della nostra stampa si mostrò indignata dal fatto che gli avversari della Germania spingessero ad entrare in guerra al loro fianco selvaggi di colore: africani, sikh e maori. Questi popoli, nella guerra odierna, interpretano la parte svolta dal proletariato nel Vecchio Continente; e se i maori neozelandesi, secondo fonti ufficiali, fremendo dalla voglia di dare la vita per l'Inghilterra mostrano la stessa coscienza dei loro interessi, propria del gruppo socialdemocratico tedesco, il quale scambiò il mantenimento della monarchia asburgica, della Turchia, della Deusche Bank, per l'esistenza, la libertà e la civiltà del popolo tedesco; c'è tuttavia da fare un distinguo: i maori provengono da una generazione di cannibalismo, non di teoria marxista.

---

[79] Ndt. Fante dei corpi irregolari dell'esercito turco.

Capitolo V

Tuttavia fu lo zarismo che determinò la posizione assunta dai socialdemocratici all'inizio della guerra. Con il grido: "Contro lo zarismo", dichiarò la rappresentanza parlamentare del partito.

E la stampa ne fece una lotta per la civiltà, come si evince dalle parole del *Volksstimme di Francoforte* del 31 luglio:

"La socialdemocrazia tedesca ha riconosciuto fin dal tempo in cui Marx ed Engels seguivano attentamente ogni mossa di quel regime barbaro, quando riempie le carceri di prigionieri politici e trema davanti al movimento operaio, la rocca sanguinosa sede del dispotismo Europeo. Oggi, sotto le bandiere da guerra tedesche, ci si presenta l'occasione di regolare i conti, una a volta per tutte con quella orrenda società".

Mentre il *Pfalzische Post di Ludwigshafen* lo stesso giorno scriveva:

"Nel dovere di difendere il paese dallo zarismo, non dobbiamo lasciarci ridurre a cittadini di secondo piano".

Il *Volksblatt* del 5 agosto:
"Se è vero che siamo stati attaccati dalla Russia, come fonti attendibili confermano, è naturale che la socialdemocrazia approvi

il ricorso ad ogni mezzo, per la difesa. Lo zarismo deve essere subito cacciato dal nostro paese".

E il 18 dello stesso mese:

"Ora che le armi sono state impugnate non è solo per la difesa della patria e l'indipendenza nazionale, che siamo chiamati alla battaglia, ma anche per vincere un nemico contrario al progresso e alla civiltà predica la barbarie... la sconfitta della Russia è il successo della libertà in tutto il continente".

Il *Wolksfreund di Braunschweig* del 5 agosto riportava:

"La passione irresistibile della guerra trascina tutti con sé, ma i lavoratori dotati di coscienza di classe ubbidiscono alla propria coscienza quando si schierano a difesa del suolo natìo contro l'aggressione proveniente da Oriente".

L'*Abeitezeitung di Essen* tuonava il 13 di agosto:

"Se oggi questo nostro paese è minacciato dalle decisioni della Russia, considerato che la lotta è rivolta contro il sanguinario zarismo russo, responsabile di milioni di crimini contro la libertà, i socialdemocratici non saranno da meno di alcuno per volontà, devozione e sacrificio alla causa... Abbasso lo zarismo! Abbasso la barbarie! Queste le nostre parole d'ordine".

Similmente, il *Volkswacht di Bielefel* del 4 agosto scriveva:

"La parola d'ordine è ovunque la stessa: mettiamo fine al dispotismo e all'ipocrisia russa".

Il giornale di partito *Elberfeld* il 5 agosto:

"È di vitale interesse per l'Europa occidentale liberarsi dalla minaccia dello zarismo. Tuttavia, questo interesse è ostacolato dalle classi privilegiate di Inghilterra e Francia, le quali ambiscono a far proprie le possibilità di guadagno che fino ad oggi erano di pertinenza del capitale tedesco".

Sul *Schleswig-Holsteinische* del 7 agosto si leggeva:

"Viviamo nell'era del capitalismo e certamente a conclusione della guerra mondiale non mancheranno disordini e lotte di classe. Ma queste lotte si svolgeranno in uno Stato più libero di quello conosciuto fino ad oggi, si limiteranno al campo economico e quando sarà scomparso lo zarismo sarà impossibile trattare i socialdemocratici come paria, come cittadini di secondo piano, come individui privi i diritti politici".

E l'11 agosto l'*Hamburg Eco* riportava:

"Non dobbiamo solo condurre una guerra difensiva contro l'Inghilterra e la Francia, ma anche contro lo zarismo e quest'ultima la combatteremo con entusiasmo: perché è una guerra per la civiltà".

E l'organo del partito di Lubecca ancora il 4 settembre dichiarò:

"Se l'Europa sarà salvata dovrà ringraziare la forza dell'esercito tedesco. Quello contro il quale combattiamo è il nemico giurato di ogni libertà".

Questo, il coro di voci che si levò dalla stampa di partito. Il governo tedesco, nelle parti iniziali della guerra, accettò l'aiuto che gli venne offerto con indolenza forte del compito di cui si era investito di paladino della civiltà Europea. I comandi generali "per le due terribili armate" hanno persino imparato, poiché la necessità lo richiede, a esprimersi con un accento ebraico e nella Polonia sotto il controllo dei russi solleticano dietro la nuca gli "accattoni e i traditori". Allo stesso modo, ai polacchi, venne offerta una cambiale per un posto nel regno dei cieli, a patto che essi si rivoltassero in massa contro il loro governo zarista macchiandosi del reato di alto tradimento, il medesimo per il quale Rudolf Duala Manga Bell[80] in Camerun fu impiccato in fretta e furia senza regolare processo a guerra appena iniziata. E, a tutti questi imbarazzanti equilibrismi dell'imperialismo germanico, prese parte la stampa di partito socialdemocratica. Mentre la rappresentanza parlamentare nascondeva il cadavere di Bell, la nostra stampa inneggiava alla libertà procurata, a scariche di fucileria, dall'esercito tedesco, alle sciagurate vittime dello zarismo. Nel numero del 28 agosto, la rivista *die Neue Zeit* scrisse:

"Le popolazioni di confine dell'impero del piccolo padre hanno salutato con gioia le avanguardie tedesche, perché tutti i residenti ebrei e polacchi hanno conosciuto il concetto di patria solo sotto l'aspetto della corruzione e della frusta. Compagni senza patria, questi poveri diavoli oppressi dal crudele Nicola, quand'anche ne avessero l'intenzione, non avrebbero altro da difendere che le proprie catene; per cui vivono nella speranza che l'esercito tedesco abbia la meglio sulle truppe zariste... Una volontà politica consapevole dei suo scopi vive anche nel proletariato tedesco, mentre deflagra la guerra mondiale: difendersi a Occidente dagli alleati dei barbari d'oriente, per concordare con loro una pace onorevole e impiegare tutte le forze all'annientamento dello zarismo".

Dopo che i parlamentari socialdemocratici ebbero conferito alla guerra il carattere di difesa della patria e della civiltà, la stampa di partito le diede anche quello di liberatrice dei popoli.

---

[80] Ndt. Rudolf Duala Manga Bell (1873 – 1914) politico camerunense membro della dinastia Bell e leader dei Duala, dopo la morte del padre promosse numerose azioni di protesta nei confronti dell'amministrazione coloniale tedesca del Camerun, puntando il dito contro le demolizioni arbitrarie delle case, l'usanza di estorcere mano d'opera gratuita alla popolazione, la detenzione arbitraria della stessa e la segregazione razziale. Nonostante le proteste di Bell si limitassero ad azioni legali, venne imputato (accusa priva di fondamento) di aver chiesto aiuto al governo francese e a quello inglese, e condannato alla forca per alto tradimento. La sentenza fu eseguita l'8 agosto 1914. Le sue ultime parole furono: "Il sangue di un innocente ricade su di voi. Invano mi uccidete".

Hindenburg[81] si fece, così, esecutore testamentario di Marx ed Engels.

Al nostro partito, la memoria, in questa guerra è venuta meno, esso dimentico di tutti i principi, dei giuramenti, delle decisioni prese nei congressi internazionali, proprio nel momento in cui era necessario metterli in pratica, si ricordò sciaguratamente di un lascito di Marx di cui si servì per dare giustificazione al militarismo prussiano, per combattere il quale lo stesso Marx voleva "impiegare ogni uomo e ogni cavallo disponibile".

Furono le glaciali note del *Neue Rheinische Zertung*[82], della rivoluzione tedesca di marzo[83], contro la Russia di Nicola I[84], quelle che nel 1914 giunsero alle orecchie della socialdemocrazia tedesca, mettendole in mano il fucile tedesco e inducendola a marciare fianco a fianco del feudalesimo prussiano, contro la Russia rivoluzionaria[85]. Nel 1848 lo zarismo russo era la vera "roccaforte del dispotismo europeo". Prodotto interno delle condizioni sociali in cui versava la Russia, nei cui fondamenti di economia medioevale aveva radici profonde, l'assolutismo rappresentava la guida della reazione monarchica scossa dalla rivoluzione borghese e indebolita in Germania per la suddivisione in

---

[81] Ndt. Paul von Hindenburg (1847- 1934) durante la Prima guerra mondiale esercitò il comando supremo dell'esercito tedesco sul fronte orientale, ottenendo molti successi sui russi. Dal 1916. promosso feldmaresciallo, assunse la guida militare di tutte le forze militari del Reich dirigendo in collaborazione con Ludendorff, lo sforzo bellico tedesco fino alla fine guerra nel novembre del 1918. Eletto presidente della Repubblica di Weimar, rimase in carica fino al giorno della sua morte, assistendo agli eventi che potarono alla nascita del Terzo Reich hitleriano.

[82] Ndt. Quotidiano tedesco pubblicato da Karl Marx a Colonia tra il 1 giugno 1848 e il 19 maggio 1849.

[83] Ndt. La rivoluzione tedesca del 1848-1849, conosciuta come rivoluzione di marzo, scoppiò nelle province sotto il dominio austriaco con l'obiettivo di ottenere la fine del regime nobiliare, la libertà di stampa e di opinione, e l'istituzione di un parlamento

[84] Ndt. Nicola I (1796-1855) fu zar di Russia. Il suo regno non segnò alcuna sostanziale riforma della vita interna russa: il suo sforzo maggiore si volse alla difesa dell'ordinamento vigente e alla lotta contro le idee politiche che lo minacciavano.

[85] Ndt. Durante la prima metà del 1914, scioperi di massa degli operai dell'industria e delle miniere si erano succeduti in molte regioni dell'impero, tanto che proprio nel mese di luglio era in corso uno sciopero dei lavoratori di San Pietroburgo, la capitale, degenerato in violenze e disordini che richiesero l'intervento dell'esercito. Questa sommossa si concluse solo pochi giorni prima della dichiarazione di guerra tedesca.

tanti piccoli stati. Ancora nel 1851 Nicola I poteva comunicare a Berlino tramite l'ambasciatore prussiano Rochov che "avrebbe vinto se nel novembre del 1848 con l'entrata del generale Wrangel[86] a Berlino, la rivoluzione fosse stata recisa alla base". E un 'altra volta, quando comunicò a Manteuffel[87] che faceva affidamento su di lui affinché il ministero reale perorasse alle camere i diritti della corona, tutelando gli interessi dei conservatori. Allo stesso Nicola fu possibile conferire a un presidente del consiglio prussiano in grazia "degli sforzi sostenuti nel rafforzamento della legalità" l'ordine di Alexandr Nevski[88].

Sennonché la guerra in Crimea per prima cambiò la situazione. Essa, infatti, fu causa del fallimento militare e politico del sistema allora vigente. L'assolutismo russo su trovò quindi costretto a modernizzarsi, ad apportare delle riforme, coerenti con le esigenze della borghesia.

Allo stesso modo l'esito della guerra in Crimea[89] fu la dimostrazione che, con i fucili, fosse possibile liberare un popolo oppresso. La disfatta di Sedan[90] diede alla Francia la repubblica che non fu certo omaggio dell'esercito di Bismarck: la Prussia all'epoca non aveva niente da donare agli altri, tranne il proprio regime feudale.

La repubblica francese fu il prodotto delle lotte sociali combattute dal 1789 in poi e di tre rivoluzioni. La disfatta di Sebasto-

---

[86] Ndt. Fridrich Wrangel (1784 – 1977) fu una delle figure chiave della soppressione dei moti del 1848 in Germania.

[87] Ndt. Otto Theodor von Manteuffel (1805 – 1882), ministro del-l'interno prussiano, fece parte dell'assemblea costituente che nel 1850 apportò una modifica alla costituzione che andava a vantaggio dei conservatori.

[88] Ndt. Si tratta di un ordine cavalleresco al merito dell'Impero Russo. Dopo la caduta dal regime zarista nel 1917, è stato ripreso dall'Unione Sovietica e poi, dalla Federazione Russa.

[89] Ndt. La guerra in Crimea fu combattuta nel 1853-54 tra Russia e Francia per una disputa nata sul controllo dei luoghi santi della cristianità in territorio turco.

[90] Ndt. La battaglia di Sedan, combattuta tra il 31 agosto e il 2 settembre 1870, decisiva nella guerra franco-prussiana, conclusasi con il successo dai secondi, segnò la fine del secondo Impero francese.Ndt. La guerra in Crimea fu combattuta nel 1853-54 tra Russia e Francia per una disputa nata sul controllo dei luoghi santi della cristianità in territorio turco.

poli[91] sortì lo stesso effetto di quella di Iena[92], valsero entrambe a rafforzare il vecchio regime.

Tuttavia le riforme avvenute in Russia negli anni '60, le quali aprirono la strada allo sviluppo della classe borghese, potevano essere attuate solo con i mezzi finanziari di un'economia capitalista. Mezzi che furono messi a disposizione da paesi quali la Germania e la Francia. Da allora nacque il legame che dura fino ad oggi, che fa sì che l'assolutismo russo sia mantenuto dalla borghesia occidentale. Il rublo "non rotola più nei gabinetti della diplomazia e", come ebbe a lamentarsi nel 1854 il principe Guglielmo di Prussia, "fino all'anticamera del re", ma l'oro inglese e tedesco va spedito a Pietroburgo a mantenere il regime zarista, che senza sarebbe crollato da tempo.

Da allora lo zarismo non è più solo un prodotto russo, ma anche del capitalismo occidentale. E lo è ogni giorno di più, tanto che con la crescita del capitalismo russo, invece di rafforzare il paese, accresce l'influenza dell'Europa Occidentale su di esso. Al sostegno finanziario si aggiunge, dopo il 1870, in misura crescente, a causa della rivalità tra Francia e Germania, anche quello politico. Quanto più dal popolo russo nascono forze insurrezionaliste tese a contrastare l'assolutismo, tanto più le stesse si scontrano contro resistenze provenienti da occidente che si pongono di sostegno allo zarismo. Quando a inizio anni '80 il movimento terroristico di matrice socialista scosse momentaneamente il regime svilendone l'autorità interna ed esterna, Bismarck stipulò con la Russia un trattato che assicurava alla stessa protezione in ambito politico internazionale. D'altra parte, in proporzione in cui la Russia era imbrigliata nella politica tedesca, tanto più il denaro della borghesia francese affluiva ad est. Abbeverandosi ad entrambe le fonti, il regime zarista, seppure avversato da un crescente movimento rivoluzionario, prolungò la sua esistenza.

La crescita capitalistica che lo zarismo favorì, nel 1890, dette

---

[91] Ndt. La battaglia di Sebastopoli, combattuta durante la guerra in Crimea, che vide la vittoria francese, decise le sorti della guerra in favore della stessa Francia.

[92] Ndt. La battaglia di Jena ebbe luogo nel 1806 tra la Grande armata francese, guidata da Napoleone Bonaparte, e l'esercito prussiano, che venne quasi interamente disperso.

il suo frutto: il movimento rivoluzionario del proletariato russo. Ma se anche le fondamenta dello zarismo cominciarono a vacillare, questi trovò aiuto nella Germania di Bulow che si mostrò propensa a saldare il debito di riconoscenza contratto da Wrangel e Manteuffel; e gli aiuti russi contro la rivoluzione tedesca venivano ora pareggiati con gli aiuti tedeschi contro la rivoluzione russa.

Spionaggio, bandi, estradizioni, una caccia ai demagoghi che si protrasse fino all'epoca della rivoluzione russa degna dei tempi della Santa Alleanza[93] venne scatenata in territorio tedesco, contro gli osteggiatori dello zarismo. Nel processo di Konigsberg[94] del 1904, questa caccia non giunge solo al suo coronamento, ma mostra la strada percorsa dal 1848, l'avvenuto rovesciamento dei rapporti tra l'assolutismo russo e a reazione europea.

"L'avvento di una repubblica democratica russa influirebbe negativamente sulla Germania", dichiara a Konigsberg il procuratore di stato Schultze e poi: "Quando la casa del tuo vicino va a fuoco, la cosa riguarda anche te".

Con ciò, fu possibile toccare con mano il capovolgimento di cui si è detto. Ora è il sistema feudale prussiano a farsi roccaforte dell'assolutismo russo. Per opera sua si mantiene in piedi, in esso può essere colpito a morte. Le sorti patite dalla rivoluzione russa doveva confermarlo.

La rivoluzione venne sconfitta, ma le ragioni della sua momentanea debacle, laddove analizzate con attenzione, svelano la posizione tenuta dalla socialdemocrazia tedesca nella guerra

---

[93] Ndt. Si tratta di una coalizione tra le grandi potenze monarchiche (Russia, Austria e Prussia), sorta nel 1815 che mirava a limitare il liberismo e il secolarismo in Europa alla luce delle devastanti guerre rivoluzionarie francesi; cosa che gli riuscì fino alla guerra in Crimea del 1853-1856.

[94] Ndt. Tenutosi dal 12 al 25 luglio 1904, vedeva imputati nove militanti socialdemocratici, accusati di aver favorito il trasporto della stampa rivoluzionaria in Russia. I nove rischiavano una condanna per alto tradimento, ma furono riconosciuti innocenti. Questo processo, che portava la Germania ad identificarsi con il regime russo per l'azione chiaramente persecutoria contro la socialdemocrazia, fu motivo di scandalo.

in corso. Due aspetti ci possono chiarire il fallimento russo del 1905-06, nonostante il dispendio di forze insurrezionaliste senza precedenti e la consapevolezza dei propri fini. La prima è da ricercare nel carattere stesso della rivoluzione: nel suo programma storico, nei problemi economici e politici che essa ha sollevato, alcuni dei quali come la questione agraria, non hanno soluzione nell'ordinamento sociale odierno; nella difficoltà di istituire una forma di governo adeguata ai tempi, al fine di vincere la resistenza delle forze borghesi conservatrici. Da questo punto di vista, la rivoluzione russa fallì perché si trattava di una rivoluzione del proletariato, cui era chiesto di assolvere a compiti borghesi o se si preferisce, una rivoluzione borghese portata con mezzi adeguati alla classe operaia; lo scontrarsi di due epoche storiche, prodotto del ritardato sviluppo dei rapporti di classe nel paese. La seconda, invece, di natura esterna, va ricercata in Europa occidentale. Il soccorso apportato allo zarismo minacciato, non con polvere da sparo e piombo, sebbene l'esercito tedesco fosse già pronto nel 1905, al minimo cenno proveniente da Pietroburgo a marciare sulla Polonia, ma con aiuti parimenti efficaci, ovvero denaro e alleanze politiche. Con l'oro francese, la governance zarista si procurò le armi con cui ebbe ragione dei rivoluzionari, mentre dalla Germania ottenne il rafforzamento morale e politico, per risollevarsi dalla vergogna nella quale lo avevano gettato i siluri giapponesi e il menar di mani dei proletari russi.

Nel 1910, a Potsdam la Germania abbracciò ufficialmente lo zarismo russo[95]. L'accoglienza riservata allo zar dalle mani sporche di sangue alle porte della capitale del Reich tedesco non era solo una sorta di benestare concesso dalla Germania allo strangolamento della Persia, ma anche l'opera malefica della controrivoluzione russa, il banchetto della civiltà europea sul sepolcro contenente le spoglie dei moti insurrezionalisti per spodestare lo zar. E si noti bene! Allora, quando assisteva da vicino nella sua

---

[95] Ndt. Durante la visita dello zar russo Nicola all'imperatore Guglielmo II il 4-5 novembre 1910, a Potsdam, vennero gettate le basi per un accordo che fu siglato il 19 agosto 1911 a Pietroburgo. Con quello, la Germania si impegnava a far sì che la ferrovia di Baghdad non avrebbe avuto, verso la Persia, che una sola diramazione e che il paese sarebbe stato lasciato sotto l'influenza russa.

stessa patria a questo banchetto funebre, la socialdemocrazia, dimentica del "lascito dei Maestri del 1848", tacque. Mentre all'inizio del conflitto, da quando la polizia lo permette, il più misero giornale di partito si ubriaca di espressioni sanguinose contro il carnefice della libertà russa. Nel 1910, quando lo stesso viene festeggiato a Potsdam, nessuna protesta, nessuna voce manifesta solidarietà con la rivoluzione russa, né mostra sdegno alcuno verso i controrivoluzionari. Il viaggio trionfale del 1910 dello zar in Europa ha rivelato, più di ogni altro fatto, che il proletariato russo vinto non è solo stato vittima di una reazione interna, ma anche di quella proveniente dall'Europa occidentale e che esso oggi, proprio come gli insorti del 1848, ha cozzato contro più fronti. Tuttavia, la fonte viva dell'energia rivoluzionaria, nel proletariato russo, è pari alle sofferenze patite sotto il regime zarista e del capitale, e così dopo un periodo di brutale guerra santa controrivoluzionaria, riprese a ribollire ancora.

Dal 1912, a seguito della mattanza di Lena[96], la classe lavoratrice si ridestò alla lotta e il malcontento divenne evidente. Secondo dati ufficiali, in Russia, nel 1910 gli scioperi coinvolsero 46.623 operai e costarono 256.385 giornate lavorative; nei primi mesi del 1911 coinvolsero 98.771 operai e 1.214.881 giornate nei primi cinque mesi. Gli scioperi politici, le proteste, le dimostrazioni coinvolsero nel 1912, 1.005.000 operai e nel 1913, 1.212.000. Nel 1914 il numero lievitò ancora e il 22 gennaio, anniversario dello scoppio della rivoluzione, ci fu uno sciopero di 200.000 operai; nel giugno, proprio come prima del deflagrare della rivoluzione del 1905, a Baku 40.000 lavoratori scesero in piazza. L'incendio, propagandosi rapidamente, raggiunse Pietro-

---

[96] Ndt. Si tratta del massacro consumato il 17 aprile 1912 dall'esercito zarista a danno degli operai delle miniere d'oro di Bodajbo, città e centro minerario posto sul fiume Vitim nel bacino della Lena. Le condizioni di lavoro imposte agli operai erano particolarmente dure, turni di lavoro lunghissimi, cibo pessimo, salari bassi e frequenti incidenti dovuti alla mancanza di norme di sicurezza. Questo portò i lavoratori ad intraprendere azioni di sabotaggio contro la compagnia. Gli scioperanti costituirono un comitato per negoziare condizioni di lavoro migliori. La compagnia sembrava disposta a soddisfare in parte le loro richieste, ma poi la trattativa si arrestò. In risposta, venne organizzata una marcia cui presero parte 2500 operai. Allora, fu chiamata la gendarmeria e questa aprì il fuoco sui manifestanti indifesi, lasciando sul terreno 270 morti e 250 feriti.

burgo, e lì, il 17 luglio, scioperarono in 80.000; il 20 in 260.000 e il 23 luglio si estese in tutto l'impero russo: si preparava la rivoluzione. Ancora poco tempo ed essa avrebbe potuto ostacolare lo zarismo al punto di far divenire inutile la sua presenza al ballo dei paesi capitalisti previsto per il 1916. Forse questo avrebbe cambiato gli equilibri della politica mondiale e si sarebbe finalmente tirata una riga sull'imperialismo...

Invece, fu la reazione tedesca che cancellò il movimento rivoluzionario russo; a Vienna e a Berlino si decise per la guerra e le macerie seppellirono la rivoluzione russa. I fucili tedeschi non abbatterono lo zarismo, ma chi lo avversavava. Essi, coinvolgendolo nella più spaventosa delle guerre, furono di aiuto allo zar. Tutto contribuì a tenere alto il prestigio morale del governo russo: la provocazione subita da Vienna e Berlino, evidente a tutti tranne che alla Germania; la tregua civile in Germania e l'ondata di sfrenato nazionalismo derivante dalla stessa, le sorti del Belgio, la necessità di accorrere in aiuto della repubblica francese; mai l'assolutismo aveva maturato condizioni tanto favorevoli in un conflitto europeo. Il vessillo della rivoluzione, che pieno di speranza aveva sventolato in alto, fu sommerso dalla guerra, ma si risolleverà a prescindere dal fatto che la vittoria sul campo di battaglia arrida allo zar o ai suoi avversari.

Anche le rivolte nazionali fallirono, in Russia. Evidentemente le nazioni, al contrario della socialdemocrazia tedesca, non sono cadute nell'inganno dell'azione liberatrice di Hindeburg. Gli ebrei, popolo noto per la sua praticità, avevano chiaro quanto la forza tedesca, incapace di vincere al suo interno la reazione prussiana sul diritto elettorale diviso in tre classi[97], non poteva sconfiggere lo zarismo russo. I polacchi, abbandonati al triplice inferno della guerra, non avevano certo la possibilità di rispon-

---

[97] Ndt. Il sistema elettorale per eleggere i rappresentanti della Camera nel regno di Prussia era diviso in tre classi censitarie. La classe di minore importanza, composta dall'80% della popolazione, eleggeva un terzo dei deputati; lo stesso accadeva per la seconda classe che equivaleva al 12% dei cittadini; la prima classe, invece, comprendente il rimanente 8%, i cittadini più facoltosi, eleggeva circa il 40% dei rappresentanti al governo. Questo sistema garantiva la presenza i molti aristocratici conservatori alla Camera che garantivano il benessere dei grandi proprietari terrieri loro elettori.

dere ai promettenti messaggi di salvezza dei loro "liberatori" da Wreschen, dove ai bambini polacchi veniva inculcato, a forza di punizioni corporali, il pater noster tedesco dalla Commissione di colonizzazione[98], ma segretamente potrebbero aver tradotto l'aura sentenza tedesca di Gotz von Berlichingen[99] in un polacco ancora più ricco.

Tutti gli ebrei polacchi e russi appurarono presto sulla loro pelle che i fucili tedeschi", ben lungi da portare libertà, garantivano la morte. Per cui, la leggenda della guerra di liberazione con il legato testamentario di Marx, tanto cara alla socialdemocrazia tedesca, non è che una farsa. Per Marx la rivoluzione russa era un fenomeno di portata mondiale; tutte le sue prospettive storico-politiche erano vincolate alla premessa "sempre che nel frattempo in Russia non scoppi la rivoluzione". Marx prestava massima fede in una imminente rivoluzione, persino quando il paese era composto da servi della gleba. Nel frattempo la rivoluzione era sopraggiunta e se pure era stata sconfitta, ormai ascritta all'ordine del giorno, si è risollevata. Purtroppo, proprio adesso che i socialdemocratici, marciando a fianco dei soldati tedeschi, la vanificano, cancellandola dalla storia, al grido del 1848: "Viva la guerra contro i russi". Ma allora, in Germania c'era la rivoluzione e in Russia una repressione dura che non lasciava speranze. Nel 1914, la Russia aveva maturato la rivoluzione, mentre in Germania dominavano gli Junker prussiani[100]. Non come ipotizzava Marx dalle barricate tedesche, ma dalla cantina dei Panduri[101], dove un ufficiale[102] li teneva rinchiusi, uscirono i tedeschi

---

[98] Ndt. Dal 1886 al 1918, in Prussia fu operativa una commissione governativa per favorire il processo di germanizzazione della Polonia, che aveva il compito di sottrarre terre ai polacchi per impiantavi coloni tedeschi.

[99] Ndt. Gotz von Berlichingen (1480 – 1562) fu un cavaliere tedesco e soldato di ventura, la cui vita ha ispirato una tragedia di Goethe.

[100] Ndt. Esponenti dell'aristocrazia terriera prussiana delle zone tedesche orientali.

[101] Ndt. Nell'Ungheria feudale, servi armati dei nobili boiari. Nel diciannovesimo secolo furono assorbiti dai reggimenti austriaci nei reggimenti di guardia alla frontiera.

[102] Il sottufficiale, cui qui si allude è il colonnello Reuter, il quale, nel 1913, a seguito di diverbi verificatisi nella città di Zabern tra soldati e residenti, prese la decisione di arrestare decine di persone che furono costrette a trascorrere la notte nei sotterranei della caserma, dove subirono umiliazioni e percosse.

liberatori dell'Europa con la missione di portare la civiltà in Russia. Partirono, come un solo uomo, con gli Junker prussiani che sono la roccaforte più solida dello zarismo, marciarono contro lo zarismo puntando i loro fucili contro i proletari russi! Non si può immaginare un insulto peggiore al testamento di Marx e alla rivoluzione russa, esso è l'episodio più politicamente vergognoso che ha coinvolto, fino ad oggi, la socialdemocrazia nel corso del conflitto.

Infatti, la liberazione e la civiltà erano destinate a divenire solo un episodio, ben presto l'imperialismo tedesco tolta la maschera si scagliò contro la Francia e l'Inghilterra. Una parte della stampa di partito si sbrigò a giustificare questo voltafaccia additando al disprezzo generale, anziché lo zar, la perfida Albione[103] e la sua propensione per gli affari, giustificando ora l'azione tedesca, con l'intenzione di voler liberare la civiltà europea dal dominio marittimo inglese. Il pasticcio in cui si era cacciato il partito, era testimoniato in modo palese dai tentativi convulsi della sua migliore stampa di riportare la guerra allo scopo iniziale e legarla al testamento del Maestro, ovvero al mito che la socialdemocrazia stessa ne aveva fatto.

Queste, le parole con cui il gruppo socialdemocratico alla camera sintetizzò l'articolo del *New Rheinische Zeitung*:

"Con vivo dolore, abbiamo visto rompere un'amicizia fedelmente custodita dalla Germania".

Ora che la retorica delle prime settimane di guerra aveva ceduto il passo allo stile prosaico dell'imperialismo, scomparve anche l'unica debole giustificazione che poteva giustificare l'atteggiamento tenuto dalla socialdemocrazia tedesca.

---

[103] Ndt. Albione è in nome antico con cui veniva indicato il Regno Unito.

Capitolo VI

L'ultimo scivolone dei socialdemocratici fu l'accettazione della tregua civile, vale a dire l'interruzione della lotta di classe per tutta la durata della guerra. La dichiarazione dei rappresentanti della socialdemocrazia, esposta il 4 agosto al Reichstag, fu il primo atto di questa rinuncia alla lotta di classe: le circostanze erano state concordate precedentemente con i rappresentanti di governo e i partiti della borghesia per cui, la sceneggiata patriottica del 4 agosto fu confezionata anzitempo per il popolo e per la stampa estera.

L'approvazione dei crediti da parte della delegazione parlamentare fornì la parola d'ordine alla dirigenza del movimento operaio. I leader sindacali operai decisero subito la cessazione di tutte le lotte salariali e lo comunicarono all'imprenditoria richiamandosi ai doveri patriottici della tregua civile e così per tutta la durata della guerra venne volontariamente tralasciata la lotta contro lo sfruttamento capitalistico.

La stessa dirigenza sindacale assunse su di sé l'onere di inviare manodopera gratuita agli agrari, per assicurare il regolare raccolto delle messi.

La dirigenza della sezione femminile socialdemocratica si unì alle donne borghesi per il comune interesse nazionale, al fine di destinare la sola forza attiva del partito, dopo la chiamata alle armi, non alle rivendicazioni del proletariato, ma a opere di misericordia, quali distribuire cibo, dare consigli e via dicendo...

Sotto la legge antisocialista[104], nonostante i boicottaggi e le persecuzioni alle quali era sottoposta la stampa, il partito si era servito delle elezioni per farsi conoscere e rafforzarsi; ora, nelle elezione suppletive per il Reichstag, i Landtag[105] e le amministrazioni comunali, la socialdemocrazia rinunciò apertamente a ogni contesa elettorale e a ogni chiarificazione della lotta di classe proletaria, cosa che ridusse le elezioni parlamentari a una spartizione dei seggi tra i rappresentanti della borghesia. L'approvazione preventiva del bilancio da parte dei membri socialdemocratici del Landtag – prussiano e alsaziano-lorenese – con solenne richiamo alla tregua civile, rimarcò la brusca rottura con la prassi antecedente allo scoppio del conflitto. La stampa di partito, salvo poche eccezioni, proclamò l'unità nazionale per il bene del popolo tedesco e ammonì, subito dopo lo scoppio della guerra, contro il ritiro dei depositi dagli istituti di credito, cercando in tal modo di scongiurare il turbamento dell'economica del paese; redarguì le donne proletarie di astenersi dall'informare i loro uomini al fronte della miseria in cui a casa versavano, consigliando loro di sollevare il morale dei militi con descrizioni di serena felicità in modo da incoraggiarli a combattere. Essa esaltò il valore educativo del movimento operaio moderno come importante mezzo ausiliario nella conduzione della guerra come si evince dal seguente passo del *Volksstimme* del 18 agosto 1914:

"Gli amici veri si riconoscono nei momenti peggiori: questo detto popolare calza a pennello, oggi. I socialdemocratici oppressi e perseguitati, come un solo uomo, si schierano a difesa della patria e i sindacati ai quali tanto spesso è resa vita difficile in Prussia e Germania annunciano concordemente che i loro uomini migliori sono sotto le bandiere. Persino i giornali padronali come

---

[104] Ndt. Si tratta di una serie di leggi che miravano a frenare la diffusione dell'ideologa socialista, come il divieto di riunioni a scopi politici, la messa al bando dei sindacati e il divieto di stampa. Durante i venti anni di legislazione antisocialista, furono chiusi 115 periodici, proibiti 1200 libri, condannate 1500 persone per un totale di oltre 1500 anni di prigione.
[105] Ndt. Il Landtag era l'assemblea rappresentativa del regno di Prussia.

il *Generalanzeiger* annunciano questo fatto e, nel commentarlo, si dicono persuasi che 'questa gente' compirà il suo dovere al pari degli altri e laddove sono loro i colpi forse cadranno più fitti. Ma noi siamo convinti che le nostre maestranze educate potranno fare qualcosa di più che sparacchiare qua e là. Con i moderni eserciti di massa condurre la guerra, forse, per i generali, è diventato più difficile: il moderno fucile in dotazione ai fanti, con i quali si può colpire il nemico fino a una distanza di tre chilometri, ma sicuramente a due, rende impossibile ai capi militari far avanzare grandi reparti di truppe in colonne serrate. Per cui, è necessario procedere rapidi e in ordine sparso. Questa tattica richiede l'impiego di un maggior numero di uomini e di una tale disciplina, non solo nei reparti, ma pure nei singoli uomini, che in questa guerra ci dimostrerà quale azione educativa abbiano esercitato i nostri sindacati e quanto ci si possa fidare di questa educazione in momenti così duri come gli attuali. Il milite russo o francese potrà fare prodigi di valore ma nella fredda e serena ponderazione l'operaio tedesco li supererà. Inoltre gli uomini organizzati spesso conoscono nelle terre di confine strade e sentieri a menadito e alcuni sindacalisti hanno anche conoscenze linguistiche. Se dunque nell'anno 1866 si disse che l'avanzata delle truppe prussiane era stata una vittoria del maestro elementare, questa volta si dirà della vittoria del sindacalista".

L'organo di partito *Die Neue Zeit* del 25 settembre 1914 riportò:

"Finché ci si pone il problema di una vittoria o una sconfitta, tutto il resto passa in secondo piano, persino le ragioni di questa guerra e i suoi scopi. E con essi le divergenze tra i partiti, le classi, le nazionalità, all'interno dell'esercito e tra la popolazione civile".

E sul numero del 27 novembre, lo stesso scrisse in un articolo su *I limiti dell'Internazionale*:

"La guerra mondiale divide i socialisti soprattutto in diversi campi, nazionali, e l'Internazionale non è in grado di impedirlo. Questo significa che essa non è uno strumento efficace contro la guerra perché è essenzialmente uno strumento di pace. Il suo compito sarebbe la lotta per la pace, la lotta delle classi per la pace".

La lotta tra classi fu dunque rinnegata dalla socialdemocrazia dal 4 agosto 1914 fino alla futura conclusione della guerra. La Germania si trasformò, al primo colpo di artiglieria in Belgio, in un paese miracoloso dove esisteva solidarietà e armonia sociale tra le diverse classi. Come ci si deve immaginare questo miracolo? La lotta di classe non è un'invenzione, né una creazione della socialdemocrazia, per poter essere messa semplicemente da parte per un determinato periodo di tempo. La lotta del proletariato è ben più antica della socialdemocrazia; prodotto della società classista, essa divampa dal tempo della comparsa del capitalismo in Europa. Non è la socialdemocrazia che ha educato per prima il proletariato moderno per la lotta di classe, ma è questo che l'ha chiamata in vita per dargli coscienza dello scopo e coordinazione nei diversi frammenti locali e temporali della lotta tra classi.

Cosa è mutato con lo scoppio della guerra? È stata forse abolita la proprietà privata, lo sfruttamento, il dominio di classe? Nell'euforia patriottica i possidenti hanno forse dichiarato: "Concediamo per tutta la durata della guerra, la terra, le fabbriche le opere alla comunità, rinunciamo ai nostri profitti per sacrificarli al bene della patria?".

L'ipotesi di pessimo gusto richiama alla mente le favole dei bambini. Tuttavia, sarebbe la dichiarazione logica che avrebbe dovuto seguire o anticipare quella della classe lavoratrice che sanciva la sospensione momentanea della lotta di classe. Invece, lo sfruttamento, i rapporti di proprietà e il saccheggio dei diritti politici rimangono invariati. Nel sistema economico, sociale e politico tedesco, il tuonare dell'artiglieria in Belgio non ha portato alcun cambiamento.

La sospensione della lotta di classe è stata dunque una decisione di una sola parte. Mentre è rimasto il "nemico interno" del proletariato, lo sfruttamento e il dispotismo capitalistico, nemico al quale i sindacati e la socialdemocrazia hanno lasciato le classi lavoratrici per tutta la durata della guerra. Senza contare che le classi dominatrici hanno conservato tutto l'armamentario dei loro diritti di proprietà laddove al proletariato fu imposto dalla socialdemocrazia il "disarmo". In Francia, già nel 1848 si era assistito alla comunanza tra le classi sociali in una moderna società borghese. Infatti, scrive Marx in *Lotte di classe in Francia*:

"Nell'idea dei proletari, i quali scambiavano l'aristocrazia finanziaria con la borghesia in generale; nell'immaginazione dei galantuomini repubblicani che negavano l'esistenza delle classi o al limite le concepivano come conseguenza della monarchia istituzionale; nei discorsi ipocriti della parte della borghesia fino ad allora esclusa dal potere, il dominio della borghesia era stato soppresso con la proclamazione della repubblica. Tutti i monarchici si professarono repubblicani e gli uomini facoltosi di Parigi, operai. La parola che portò alla soppressione della lotta di classe fu *fraternité*, ovvero fratellanza universale. Questa idilliaca astrazione dai contrasti di classe, questo livellamento degli interessi di classe antagonisti, questo immaginario elevarsi al di sopra della lotta di classe – *fraternité* – fu la parola d'ordine della rivoluzione di febbraio. (...) Il proletariato parigino, che riconosceva nella repubblica la propria creatura, applaudiva gaudente ogni decisione del governo provvisorio che permettesse di migliorare la sua posizione nella società borghese; si lasciò adoperare da Caussidière in servizi di polizia per difendere le proprietà a Parigi, così come lasciò arbitrare da Lois Blanc[106] i conflitti salariali tra operai e padroni. Il suo punto d'onore il quale consisteva nel mantenere intatto agli occhi dell'Europa l'onore borghese della repubblica".

Per cui, anche nel febbraio 1848, il proletariato parigino aveva interrotto la lotta di classe per ingenua illusione, ma comunque, dopo aver spodestato con la sua azione rivoluzionaria la monarchia e aver instaurato la repubblica. Il 4 agosto 1914 è avvenuta

---

[106] Ndt. Louis Blanc (1811–1882), storico e politico francese, durante il governo provvisorio ottenne la presidenza della Commissione governativa per i lavoratori.

quella stessa rivoluzione al contrario, perché la sospensione della lotta di classe non avvenne sotto la repubblica, ma sotto un regime militare e non a seguito della liberazione del popolo, ma con la proclamazione dello stato di assedio e la privazione dei diritti elementari dovuti ad ogni cittadino!

Il governo sancì la tregua civile ed ebbe la promessa da tutti i partiti di rispettarla, e tuttavia, non ponendo piena fiducia nelle rassicurazioni, si tutelò instaurando una dittatura che la rappresentanza socialdemocratica accettò senza porre alcuna resistenza. Né al Reichstag del 4 agosto, né a quello del 2 dicembre, il partito manifestò il suo dissenso: con la tregua civile e i crediti di guerra, la socialdemocrazia approvò lo stato d'assedio che la teneva genuflessa di fronte alle classi dominanti. Agendo in questo modo, essa riconosceva che, per la difesa della nazione, occorreva la dittatura militare: dittatura rivolta esclusivamente verso le classi lavoratrici. Infatti, soltanto da loro ci si poteva aspettare opposizione, tumulti e proteste. Nel momento in cui con il consenso dei socialdemocratici si decretava la tregua civile e con essa la cessazione dei conflitti di classe, gli stessi vennero posti sotto stato di assedio e contro il proletariato fu proclamata guerra, ponendolo sotto il regime militare. Questo lo splendido risultato ottenuto dai nostri rappresentanti: una beffa resa dal partito a se stesso; una beffa come la storia peggio non ha mai conosciuto.

Accettando la tregua civile, rinunci alla lotta di classe per tutto il corso della guerra; ma in questo modo ella rinnega le fondamenta della sua esistenza. Cos'altro è ogni suo respiro, se non lotta di classe? Come giustificare, a guerra conclusa, una volta sacrificato il suo ideale, la propria esistenza?

Rinnegando la lotta di classe, la socialdemocrazia, per tutta la durata del conflitto, rinunciò al suo ruolo di rappresentante della classe operaia. Ma con questo essa depose anche l'arma più importante in suo possesso: la critica di guerra dal punto di vista del proletariato. Essa lasciò la difesa della patria alle classi dominanti accontentandosi di porre alle loro dipendenze le masse operaie, ovvero divenendone il gendarme. Con il loro atteggiamento, i socialdemocratici hanno messo in pericolo, ben oltre la guerra odierna, la causa della libertà tedesca, alla quale stando alle dichiarazioni della delegazione parlamentare provvede l'artiglieria di Krupp[107].

Nei circoli socialdemocratici si investe molto nella speranza che, a guerra conclusa, siano fatte al proletariato notevoli concessioni socio-politico-economiche come segno di gratitudine per il comportamento tenuto in guerra. Ma non si hanno notizie nella storia di classi oppresse cui, da chi detiene il potere, siano state fatte concessioni per i servizi resi. Invece, la storia, abbonda di esempi che testimoniano di promesse mai mantenute ai ceti più deboli, dalle classi abbienti. Ragione per cui la socialdemocrazia non ha assicurato nessun ampliamento di diritti ma ha dato una grave scossa a quelli che c'erano già. Il modo con cui in Germania si sopportano da mesi la soppressione della libertà di stampa e di opinione come pure lo stato di assedio, con il plauso della socialdemocrazia, non ha precedenti storici nella società moderna. In Inghilterra vi è completa libertà di stampa, in Francia pure. Solo in Germania l'opinione pubblica, venuta completamente a mancare, è stata sostituita dall'opinione ufficiale espressa dal governo.

Il *Volksstimme* del 21 ottobre 1914 riporta:

"In Germania la censura militare è accettata in modo più decoroso che non in Francia o in Gran Bretagna. Il trambusto sulla censura, dietro cui si cela la mancanza di una salda presa di posizione di fronte alla guerra, aiuta soltanto i nemici della Germania a diffondere la menzogna che il nostro paese sia una seconda Russia. Chi crede, sotto l'attuale regime, di non poter scrivere secondo il proprio intimo sentire, posi la penna e taccia".

Anche in Russia si conosce la matita rossa del censore che cancella le opinioni dell'opposizione, ma lì è sconosciuta l'istituzione per la quale la stampa dell'opposizione deve pubblicare

---

[107] Ndt. La Krupp è una dinastia tedesca famosa per la produzione di acciaio e armamenti. Fondata nel 1811, passando da padre in figlio, è giunta fino ai giorni nostri. L'azienda nel 1999 si è fusa con la Thyssen Ag dando vita alla ThyssenKrupp.

articoli consegnati belli e pronti dal governo, e nei propri, rappresentare determinati concetti che le venghino dettati dalle autorità governative. Nella stessa Germania, durante la guerra del 1870 non si è verificato niente di simile: la stampa godeva allora di libertà illimitata e, sebbene con grande disappunto di Bismarck, commentava gli avvenimenti militari, in parte criticandoli aspramente e combattendo le opinioni in merito agli scopi di guerra, i problemi dell'annessione, quelli costituzionali e via dicendo. E, quando venne arrestato Johann Jacoby[108], un'ondata di ribellione scosse tutta la Germania e Bismarck rinnegò questa azzardata mossa, definendola un grave passo falso. Questa la situazione in Germania dopo che Bebel e Liebknecht, in nome della classe operaia, avevano rigettato qualsiasi comunanza con i patrioti al potere. Doveva proprio venire la nostra socialdemocrazia con i suoi quasi cinque milioni di elettori, con la riconciliazione ottenuta tramite la tregua civile e l'approvazione dei crediti di guerra, perché fosse imposta al paese la più dura dittatura militare che mai un popolo da tempo civilizzato abbia potuto sopportare. Che una cosa del genere oggi sia possibile in Germania, senza contestazioni non solo da parte del stampa borghese, ma anche di quella socialdemocratica, rende chiaro il futuro che attende la nostra nazione. Testimonia che la società tedesca non ha oggi alcun fondamento in se stessa per le libertà politiche, poiché può rinunciare così facilmente alla libertà. Non dimentichiamo che i pochi diritti politici che esistevano nel Reich prima della guerra non erano il frutto, come in Francia e in Inghilterra, di ripetuti moti rivoluzionari, le cui tradizioni sono saldamente ancorate nella vita del popolo, ma erano un dono di Bismarck a seguito di una controrivoluzione vittoriosa che persisteva da due decenni.

La costituzione tedesca non maturò con una rivoluzione, ma nella strategia diplomatica della monarchia militare prussiana, per servire da collante alla mutazione di quella nel Reich attuale.

---

[108] Ndt. Jhoann Jacoby (1805 – 1877), politico tedesco, nel 1870 fondò il giornale democratico *Il futuro* che doveva sostenere la fondazione di un partito democratico che nel 1871, però si sciolse. Processato per alto tradimento nel settembre del 1870, fu rinchiuso per alcune settimane nella fortezza di Lutzen perché durante un'assemblea aveva protestato contro l'annessione dell'Alsazia e della Lorena al Reich tedesco.

Diversamente da quanto credeva il gruppo parlamentare social-democratico, i pericoli per l'evoluzione liberale della Germania non sono da ricercare in Russia, ma nella Germania stessa; si trovano in questa origine conservatrice della costituzione tedesca, in quegli elementi reazionari della società germanica che dalla fondazione del Reich hanno mosso guerra contro la deprecabile "libertà tedesca" ed essi sono: gli Junker a est dell'Elba, il perorare il giustizialismo della grande industria, il declino del liberalismo interno, il regime dittatoriale e il conseguente militarismo prodotto da tutti questi fattori insieme, il sistema di Zabern[109], che proprio prima della guerra vantava i suoi successi. Questi sono i reali pericoli per la civiltà e lo sviluppo liberale del nostro paese. E ora la guerra, lo stato di assedio e l'atteggiamento della social-democrazia rafforzano tutti quei fattori. In verità, c'è una ragione liberale all'odierna quiete sepolcrale che si respira in Germania: la rinuncia per tutta la durata della guerra di ogni cittadino a ogni diritto; ma un popolo maturo come può rinunciare "temporaneamente" ai suoi diritti politici e alla vita pubblica? Sarebbe come chiedere a un uomo di mantenersi in vita senza respirare.

Un popolo che con il suo comportamento ammette che durante la guerra è necessario lo stato di assedio, ammette che la libertà politica è del tutto superflua. La tolleranza dei socialdemocratici allo stato di assedio – la sua approvazione dei crediti senza riserve e altro - agisce allo stesso tempo sulle masse popolari, unici sostegni della costituzione fiaccandole e sulla parte dominante conservatrice, incoraggiandola.

Con la rinuncia alla lotta di classe il nostro partito si è precluso la possibilità di intervenire sulla durata della guerra e su come giungere a un accordo di pace, venendo meno alle dichiarazioni ufficiali. Un partito che protestava contro tutte le annessioni, conseguenze di una guerra imperialistica che procede bene dal

---

[109] Ndt. Si tratta da una crisi di politica interna, verificatesi nel-l'Impero tedesco nel 1913. Fu causata da disordini politici avvenuti a Zabern (Alsazia-Lorena), dove due battaglioni prussiani furono presidiati dopo che un sottufficiale insultò la popolazione locale. I militari reagirono alle proteste con atti illegali, arbitrari. La vicenda non solo mise a dura prova i rapporti tra l'Alsazia Lorena e il resto dell'Impero tedesco, ma portò pure a una notevole perdita di prestigio del Kaiser.

punto di vista militare e che ora, con l'accettazione della tregua civile, consegnava tutti gli strumenti che sarebbero valsi a mobilitare le masse e l'opinione pubblica a difesa delle proprie posizioni e così andare ad influire sulla guerra e la pace. Da un punto di vista borghese, come con la tregua civile si assicurava la pace interna, l'ideale socialdemocratico le consentiva di perseguire i soli interessi delle classi dominanti, dando sfogo alle sue intime ambizioni imperialistiche che aspirano proprio ad annessioni e conquiste. In altri termini: i socialdemocratici accettando la tregua civile e con essa, il disarmo politico delle classi lavoratrici, riducevano la loro presa di posizione a parole prive di senso pratico. Inoltre, otteneva un altro risultato: il prolungamento della guerra. E qui è evidente quale insidia per il proletariato si celi nel dogma: noi potevamo opporci alla guerra finché essa era un pericolo incombente, ma ora che essa è realtà la politica socialdemocratica sarebbe fuori gioco per cui la lotta tra classi deve cessare per tutta la durata della guerra.

In verità, il compito più arduo per la socialdemocrazia ebbe inizio proprio con lo scoppio della guerra. La risoluzione presa unanimemente dai rappresentanti tedeschi di partito e dei sindacati al congresso internazionale di Stoccarda del 1907 e riconfermata a Basilea nel 1912 recita:

"In caso di guerra, è dovere dei socialdemocratici, adoperarsi per farla finire in fretta e sfruttare la crisi sociale e politica derivante dalla stessa per risollevare il popolo e favorire in questo modo la caduta del regime capitalistico".

Cosa ha fatto la socialdemocrazia in questa guerra? Il contrario di quanto dichiarato ai citati congressi: con l'approvazione dei crediti e la tregua civile, essa si adopera per salvare la società capitalistica dalla sua propria anarchia, conseguenza del conflitto, contribuendo in questo modo al prolungarsi della guerra e all'incremento delle sue vittime. Probabilmente, come si sente spesso dire dai deputati al Reichstag, non sarebbe caduto un solo uomo in meno sul campo di battaglia, sia che il gruppo socialdemocratico avesse approvato i crediti di guerra o meno. La nostra stampa di partito, anzi, si convinse che noi avremo dovuto collaborare per sostenere la "difesa della patria", al fine di limitare i caduti. Questa politica fino ad oggi ha ottenuto il risultato contrario: solo grazie alla condotta tenuta dalla socialdemocrazia, la guerra imperialistica si è espressa e si esprime in tutta la sua ferocia. Finora il timore di disordini interni e della collera del popolo in miseria ha costituito un incubo costante e quindi l'arma più efficace contro la voglia di scendere in guerra delle classi dominanti. Ben note, sono le parole di Bulow, quando dice "... che ci si forza di scongiurare la guerra per tenere lontano l'incubo della socialdemocrazia".

Rohrbach scrive in *La guerra e la politica tedesca*:

"Laddove non si registrano catastrofi elementari, la sola cosa che può spingere la Germania alla pace è la fame dei senza pane; una fame che si annuncia per rendere palese alle classi dirigenti la necessità di essere presa in considerazione".

E vediamo infine, ciò che scrive Bernhardi[110] nel libro *Della guerra odierna*:

"I moderni eserciti di massa rendono più difficile la condotta della guerra nelle più diverse condizioni. Inoltre, essi rappresentano in sé o per sé una causa di pericolo che non va sottovalutata. Il meccanismo di un simile esercito è così poderoso e complicato, che esso può rimanere capace di operazioni e manovrabile soltanto quando l'ingranaggio lavora all'ingrosso in modo fidato e vengono evitate in un più vasto ambito forti scosse morali. Che, in una guerra ricca di vicende, simili fenomeni possano essere completamente eliminati, ci si può contare così poco come su battaglie chiaramente vittoriose. Ma possono essere superati, quando si verificano in contesti militari. Quando, però, grandi masse riunite sfuggono una volta alle mani dei loro capi e cadono in

---

[110] Ndt. Friedrich von Bernhardi (1849 – 1930) è stato scrittore e militare tedesco insignito della Croce al merito.

uno stato di panico, quando l'approvvigionamento viene meno in più larga misura e lo spirito dell'insubordinazione s'impadronisce delle truppe, queste masse non solo divengono incapaci di resistere al nemico, ma diventano un pericolo per loro stesse e per la conduzione del proprio esercito, rompendo le briglie della disciplina, disturbando arbitrariamente il corso delle operazioni e ponendo così i capi di fronte a compiti che non sono in grado di assolvere. *La guerra con i moderni eserciti di massa è dunque in tutti i casi un gioco arrischiato* che impegna allo stremo tutte le forze personali e finanziarie dello Stato. In simili circostanze è più che naturale che si prendano ovunque disposizioni allo scopo di *mettere rapidamente fine alla guerra, una volta cominciata, e risolvere in breve tempo l'estrema tensione deviante della mobilitazione di intere nazioni"*.

In questo modo i politici borghesi, come le autorità militari, consideravano la guerra con i moderni eserciti di massa come "un gioco arrischiato" e questo è considerato il momento più efficace per convincere i potenti di oggi a non tramare una guerra e, nel caso che questa scoppiasse, per ammonirli a porvi termine quanto prima.

L'atteggiamento tenuto in questa guerra dalla socialdemocrazia, la quale agisce in ogni direzione per calmare "l'estrema tensione", ha distrutto le preoccupazioni, ha abbattuto gli argini che si opponevano alla fiumana avanzante del militarismo. Anzi, doveva sopravvenire un fatto al quale mai un Bernhardi o un uomo di Stato borghese avrebbe potuto credere nemmeno in sogno: dal campo della socialdemocrazia venne la risoluzione di "tenere duro", vale dire l'assenso a perseverare nella carneficina umana. E così da mesi migliaia di vittime, che ricoprono i campi di battaglia, vengono a pesare sulla nostra coscienza.

Capitolo VII

Ma se malgrado tutto ciò, non siamo riusciti ad evitare la guerra se essa è già in atto, se la patria è esposta al pericolo di un'invasione, dovremmo disarmare il nostro paese e consegnarlo al nemico? Il principio socialista del diritto di autodecisione delle nazioni non recita che ogni popolo ha il diritto e il dovere di difendere la sua libertà e indipendenza? Se la casa va in fiamme, non bisogna innanzitutto preoccuparsi di spegnere l'incendio e non individuare colui che si è reso responsabile del danno? Questo argomento della "casa che brucia" ha svolto un ruolo importante nell'atteggiamento tenuto dai socialisti tedeschi e francesi. E ha fatto scuola pure nei paesi neutrali: tradotto in olandese recita: quando l'imbarcazione fa acqua non è meglio prima preoccuparsi di turare la falla?

Certamente, è vergognoso il popolo che si arrende al nemico esterno, come lo è il partito che cede al nemico interno. Soltanto una cosa hanno dimenticato i pompieri dello "stabile in fiamme": che in bocca ai socialisti la difesa della patria è qualcosa di assai diverso dal ruolo svolto dai cannoni sotto il comando della borghesia imperialista.

In primo luogo per quanto concerne l'invasione essa è la minaccia di fronte alla quale ogni conflitto di classe all'interno del paese svanisce. Questo secondo alcuni perché ogni lotta interna sotto lo stato di assedio è un atto criminale commesso a danno del paese, poiché volto a indebolire la forza militare della nazione. Da questi strilli si è fatta attrarre la socialdemocrazia ufficiale; nonostante la storia della moderna società borghese dimostri che l'invasione straniera non è per essa il male peggiore, come viene ritratta, ma un mezzo usato per annientare il nemico interno. I Borboni e gli aristocratici francesi non fecero appello all'invasione del paese contro i giacobini? La contro-rivoluzione austriaca degli Stati pontifici non chiamò nel 1849 l'invasione francese contro Roma e quella russa contro Budapest? Nel 1850 il "partito dell'ordine"[111] francese non minacciò apertamente l'invasione dei cosacchi per domare l'assemblea nazionale? E con l'accordo del 1871 tra Julies Favre[112], Thiers[113] e C. e Bismarck non venne decisa la liberazione dell'esercito bonapartista prigioniero e l'appoggio diretto delle truppe prussiane per lo sterminio della Comune di Parigi? A Karl Marx questa esperienza bastò per smascherare, già quasi mezzo secolo fa, l'inganno delle guerre nazionali degli stati borghesi moderni. Nel suo *Indirizzo del Consiglio generale dell'Internazionale per la caduta della Comune di Parigi*, si legge:

"Che, dopo la guerra più terribile dei tempi moderni l'esercito vincitore e quello vinto fraternizzino per massacrare il proletariato è un fatto insolito, il quale non indica, come sostiene Bismarck, lo schiacciamento conclusivo di una nuova società al suo sorgere, ma la fine del processo di decomposizione della società borghese. Il più alto slancio di eroismo di cui la vecchia società è ancora capace è la guerra nazionale e oggi è dimostrato che questa è una semplice mistificazione governativa, che tende a ritardare la lotta delle classi e viene messa in disparte non appena

---

[111] Ndt. Il partito dell'ordine, nato per fronteggiare il crescente sentimento socialista, attivo durante la Seconda Repubblica francese rappresentava la destra politica e sosteneva l'ordine pubblico, difendeva la proprietà privata e la religione cattolica.

[112] Ndt. Jules Favre (1809 – 1880), politico francese, fu oppositore del Secondo impero di Napoleone III e tra i negoziatori del trattato di Francoforte che pose fine alla guerra franco-prussiana.

[113] Adolphe Thiers (1797 – 1877) politico e avvocato fu il primo presidente della Terza Repubblica francese.

la lotta di classe divampa in guerra civile. Il dominio di classe non è più capace di travestirsi in una uniforme nazionale; contro il proletariato, i governi nazionali sono uniti".

Per cui invasione e lotta di classe non sono nella storia borghese fenomeni opposti, ma l'uno è il mezzo di espressione dell'altro. E se per le classi dominanti l'invasione è uno strumento per arrestare la lotta di classe, per i ceti che vogliono elevarsi la lotta di classe più dura risulta essere il mezzo migliore contro l'invasione. All'inizio dell'evo moderno, la storia tempestosa, tormentata da molteplici sovvertimenti interni ed esterni delle città soprattutto italiane (si pensi alle lotte secolari di Firenze e Milano contro gli Hohenstaufen), sono testimonianza di quanto l'ardore e la violenza delle lotte di classe intestine non solo non indeboliscono la forza di una comunità verso l'esterno, ma al contrario la rinforzano notevolmente. Ne è altrettanto valido esempio la Rivoluzione francese: quando nel 1793, Parigi fu accerchiata dai nemici. Se Parigi e la Francia non vennero sopraffatti dalla fiumana travolgente dell'Europa coalizzata questo lo si deve alla liberazione illimitata delle forze interne alla società nel grande conflitto tra classi. Oggi, trascorso quasi un secolo, risulta evidente che solo l'espressione più marcata d quel conflitto, sotto la dittatura del popolo parigino e il suo radicalismo senza riserve riuscirono a spremere dalla terra mezzi e forze sufficienti per affermare la neonata società borghese contro un mondo ostile; contro le trame della dinastia, le macchinazioni degli aristocratici, i traditori della patria, i sotterfugi del clero, la rivolta della Vandea[114], l'infedeltà dei generali dei generali, l'opposizione di sessanta dipartimenti e capoluoghi di provincia e contro gli eserciti e le flotte riunite della coalizione monarchica europea. Come secoli di esperienza dimostrano, non è lo stato d'assedio, ma la lotta di classe che ridesta la coscienza di sé, lo spirito di sacrificio e la forza orale delle masse

---

[114] Ndt. Nel marzo 1793 nella regione della Vandea, durante la Rivoluzione francese, si registrò un'insurrezione controrivoluzionaria dei contadini, provocata dalla leva di 300.000 uomini. Gli insorti vennero repressi dall'esercito rivoluzionario nei mesi di ottobre e dicembre e nel 1794 sconfitti. Il governo termidoriano adottò una politica di riconciliazione, concedendo l'amnistia ai rivoltosi (1795); la rivolta riprese, ma fu definitivamente stroncata nel 1796.

popolari, la migliore arma del paese contro i nemici esterni.

La socialdemocrazia cade nello stesso tragico equivoco quando, in ragione dell'atteggiamento tenuto in questa guerra, si appella al dritto di autodecisione delle nazioni. Il socialismo, infatti, riconosce a ogni popolo diritto alla propria indipendenza e libertà decisionale sul proprio destino. Ma è un insulto a socialismo presentare gli odierni stati capitalistici come espressione di questo diritto. In quali di queste nazioni fino ad oggi si è deciso autonomamente sulle forme e condizioni di vita politica e sociale?

Ciò che vuole il popolo tedesco l'hanno annunciato i democratici del 1848, i leader del proletariato tedesco, Marx, Engels, Lassalle[115], Bebel e Liebknecht: è *l'unica grande repubblica tedesca.*

Per questo ideale i combattenti del marzo a Vienna e Berlino hanno lasciato il loro sangue sulle barricate. Per la messa in atto di questo programma, Marx ed Engels nel 1848 volevano spingere la Prussia a combattere una guerra contro lo zarismo russo. La prima esigenza da soddisfare per il compimento di questo programma nazionale era la liquidazione di quel lerciume conosciuto come monarchia asburgica e l'abolizione della monarchia militare prussiana, come pure delle due dozzine di monarchie lillipuziane tedesche. La sconfitta della rivoluzione tedesca, il tradimento da parte della borghesia tedesca di suoi propri ideali democratici condussero al regime di Bismarck e alla sua creatura: la grande Prussia di oggi con venti patrie sotto un solo elmo che ha nome Reich tedesco.

La Germania di oggigiorno è stata costruita sulla pietra tombale della rivoluzione del marzo, sulle macerie del diritto di autodecisione nazionale del nostro popolo. La guerra in corso, che insieme al mantenimento della Turchia, ha come fine anche quello della sopravvivenza della monarchia asburgica e il rafforzamento del regime militare prussiano è un ulteriore sepoltura dei cauti del marzo e del programma nazionale della Germania. È per un

---

[115] Ndt. Ferdinand Lassalle (1825–1864) politico e scrittore tedesco, fu uno dei fondatori del partito socialdemocratico.

brutto tiro giocato loro dalla storia che i socialdemocratici, eredi dei patrioti del 1848, sventolano in questa guerra la bandiera del diritto di autodecisione delle nazioni? La Terza Repubblica, con le sue colonie, in due parti del mondo e le atrocità di cui si rende responsabile sono forse espressione dell'auto-decisionismo nazionale francese? Oppure lo è l'impero britannico con le sue Indie e la sottomissione sudafricana di milioni di neri a una minoranza bianca? Lo è la Turchia? L'impero zarista?

Solo per un politico della borghesia, per il quale le razze dominanti sono rappresentative dell'umanità negli stati coloniali, si può parlare di "auto-decisionismo nazionale". Nel senso socialista di questo concetto non esiste un paese libero, laddove la sua esistenza come Stato riposa sulla schiavitù di altri popoli. Il socialismo internazionale riconosce il diritto di nazioni libere. Il socialismo internazionale riconosce il diritto di nazioni libere indipendenti, dotate di pari diritti, ma esso soltanto può generare queste nazioni, esso solo concretizzare il diritto di autodecisione dei popoli. Anche questo postulato del socialismo, non è come, tutti gli altri, una canonizzazione di quanto già esiste, ma una guida e uno sprone alla politica rivoluzionaria, riformatrice del proletariato. Finché sussistono Stati capitalistici, fin quando la politica mondiale imperialistica determina la vita interna ed esterna degli Stati, il diritto di autodecisione nazionale non ha niente in comune con la sua prassi in guerra come in pace. Senza dire che nell'ambiente capitalistico attuale non può esistere alcuna guerra difensiva nazionale e ogni politica socialista che non tenga conto di questo e voglia seguire solo i punti di vista isolati di un paese, non ha fondamenta solide: si regge sulla sabbia.

Abbiamo cercato di far chiarezza sui retroscena delle attuali controversie tra la Germania e i suoi nemici. Era necessario illuminare più da vicino i momenti particolari e le correlazioni interne della guerra in corso, perché la presa di posizione dei nostri rappresentanti parlamentari, la nostra stampa, la difesa dell'esistenza, della libertà e della civiltà tedesca, ha svolto un ruolo determinante. Alla luce della verità storica, bisogna convenire che si tratta di una guerra preventiva, preparata da anni dall'imperialismo tedesco per dare soddisfazione alle sue mire espansionistiche mondiali e scatenata coscientemente nell'estate del 1914 dalla diplomazia tedesca e austriaca. A parte questo, nella valutazione generale della guerra mondiale e del suo significato per la politica di classe del proletariato, la questione della difesa e dell'aggressione, della "responsabilità, è cosa di nessuna rilevanza. Se la Germania non è in stato di autodifesa, non lo sono neppure Inghilterra e Francia poiché ciò che esse difendono non è la loro posizione nazionale, ma quella sullo scenario mondiale, i loro possedimenti coloniali, minacciati dalla voracità tedesca. Se le spedizioni esplorative dell'imperialismo tedesco e austriaco in Oriente hanno fatto divampare l'incendio, quello francese, prendendosi il Marocco, e quello inglese con i suoi preparativi tesi alla conquista della Mesopotamia e dell'Arabia, come i provvedimenti presi per garantirsi il predominio sull'India, quello russo con la sua politica balcanica mirante a Costantinopoli, hanno ammassato fascine per agevolare l'appiccare del fuoco. Se la corsa agli armamenti ha svolto un ruolo determinante nel deflagrare della catastrofe, ad essa partecipavano tutti gli Stati; e se la Germania con la politica di Bismarck del 1870 pose la prima pietra per lo sviluppo Europeo dell'arsenale bellico, quella politica era stata favorita prima dal Secondo impero e poi incoraggiata dalla politica coloniale della Terza Repubblica e dalla sua espansione in Asia e in Africa. I militi francesi caddero nell'inganno "della difesa della patria", perché il loro governo nel luglio del 1914 non aveva in programma alcuna guerra.

"In Francia, oggi, sono tutti senza esitazioni in favore della pace", asserì Jaurès[116] nell'ultimo discorso della sua vita, tenuto alla vigilia della guerra. Il fatto è assolutamente vero e questo può rendere comprensibile l'indignazione che subentrò nei socialisti francesi quando fu imposta al loro paese questa guerra criminale.

Ma per un giudizio nel conflitto mondiale in quanto fenomeno storico e per la presa di posizione della politica proletaria,

---

[116] Ndt. Jean Leon Jaurès (1859 – 1914), politico e storico francese, fermo oppositore alla guerra, venne assassinato con un colpo di pistola nel luglio del 1914 da un fanatico nazionalista.

questo fatto non è sufficiente.

La storia, dalla quale è nata la guerra odierna, risale almeno a dieci anni prima del 1914, quando la politica imperialistica prese ad avvolgere nella sua tela i cinque continenti. La politica imperialistica non è per opera di uno o di più Stati, è il frutto di un determinato grado di maturazione del capitale mondiale, un fenomeno internazionale a cui nessun singolo Stato può sottrarsi.

Solo da questa prospettiva può essere correttamente valutata la questione della "difesa nazionale". L'unità, l'indipendenza, lo Stato nazionale, furono l'insegna ideologica sotto la quale lo scorso secolo si costituirono le nazioni borghesi dell'Europa centrale. Il capitalismo non è conciliabile con i piccoli Stati, perché con la sua dispersione economica e politica richiede per il suo sviluppo un territorio chiuso quanto più ampio possibile e una civiltà spirituale, senza cui né i bisogni della società si elevano al livello di produzione, né può funzionare il sistema di dominio borghese di classe. Prima di potersi spandere fino a un'economia mondiale abbracciante tutto il pianeta, il capitalismo provò a dotarsi di un territorio chiuso entro i confini nazionali di uno Stato. Questo programma, poiché è realizzabile solo per via insurrezionalista, fu adottato solo in Francia nel corso della Rivoluzione; nel resto d'Europa, esso, come la rivoluzione borghese in genere, si è arrestato a mezza via. Il Reich tedesco e l'Italia odierna, la Turchia, il permanere dell'Impero austro-ungarico, quello britannico e quello russo ne sono gli esempi viventi. Il programma nazionale aveva avuto una funzione storica solo come espressione ideologica della borghesia tendenzialmente in ascesa verso il potere, fin quando il dominio borghese di classe non è sopravvenuto nei grandi stati centro-europei e non si sono creati i necessari strumenti e condizioni.

Da lì in avanti, l'imperialismo ha portato alla tomba del vecchio programma borghese democratico, elevando l'espansione oltre i confini nazionali, senza alcun riguardo per il programma di sviluppo borghese degli altri paesi. Certo, è sopravvissuta la fraseologia nazionale. Tuttavia, il suo contenuto reale, la sua funzione è diversa: essa serve unicamente come zimarra per celare le manovre imperialistiche, come grido di battaglia delle rivalità delle stesse e come mezzo ideologico tramite il quale abbindolare le masse da mandare al macello nei conflitti espansionistici.

La tendenza dell'odierna politica capitalista domina quella dei singoli stati, come le leggi della concorrenza economica stabiliscono le condizioni della produzione imprenditoriale.

Al fine di analizzare minuziosamente lo spettro della "guerra nazionale" che detta la politica socialdemocratica, immaginiamo che in uno Stato odierno la guerra sia iniziata con intenti difensivi, ma ogni successo militare porti all'occupazione di territori stranieri. Gruppi capitalistici influenti, interessati a conquiste coloniali, sopravvenuti nel corso del conflitto, né determineranno i fini e gli esiti finali. E non solo: il sistema di alleanze tra Nazioni militarizzate, che da decenni domina i rapporti politici tra le stesse, fa sì che ognuna delle parti belligeranti anche solo per ragioni difensive cerchi di portare alleati alla propria causa. In questo modo, vengono coinvolti nella guerra sempre nuovi paesi e inevitabilmente, venendo toccati alcuni circoli imperialistici della politica mondiale, vengono a formarsene di nuovi. Così se da una parte l'Inghilterra ha trascinato il Giappone in guerra, portando la stessa dall'Europa all'Asia orientale, ponendo all'ordine del giorno i destini della Cina, alimentando le rivalità tra Giappone e Stati Uniti, tra Giappone e Inghilterra, ha gettato le basi per conflitti a venire. Dall'altra parte, la Germania ha condotto con sé la Turchia, ragione per cui è divenuto di primaria importanza la risoluzione dei problemi di Costantinopoli, dei Balcani e dell'Asia anteriore.

Chi non comprende come la guerra mondiale, già nelle cause e nei suoi punti di partenza, fosse di natura imperialistica, può ad ogni modo vedere che nelle circostanze attuali il conflitto era destinato a svilupparsi in modo automatico fino a innescare un processo espansionistico teso alla spartizione del pianeta: si è manifestata tale fin da subito. L'equilibrio sempre oscillante di forze tra le parti belligeranti costringe ciascuna di esse, per motivi meramente militari, a rafforzare la propria posizione. Si veda da un lato le offerte tedesche-austriache e dall'altro, quelle anglo-russe all'Italia, alla Romania alla Grecia e alla Bulgaria. La pretesa "guerra a difesa della nazione" sortisce così il sorprendente effetto di causare anche negli Stati neutrali uno spostamento generale dei rapporti di forze nel senso espansionistico. Inoltre, che oggi tutti gli Stati capitalistici detengano possedimenti coloniali, i quali, nel corso della guerra, per quanto paventata difensiva, vi vengono coinvolti dal punto di vista strettamente militare, poiché ogni Stato belligerante cerca di occupare le colonie dell'avversario o perlomeno di indurle alla ribellione – si prenda ad esempio la confisca delle colonie tedesche da parte inglese e i tentativi di far insorgere quelle inglesi e francesi - questo fatto fa sì che ogni conflitto moderno sia di portata globale.

Così, lo stesso concetto di guerra virtuosa difensiva con cui si riempiono la bocca, oggi, i nostri parlamentari e le testate giornalistiche, è pura finzione che mostra la mancanza non solo di acume, ma di qualsiasi concezione storica e delle sue correlazioni mondiali. Circa il carattere della guerra sono esplicative, non le dichiarazioni solenni e nemmeno i sinceri proponimenti dei dirigenti politici, ma la situazione storica della società e della sua organizzazione militare in quel determinato momento. La scusa della "guerra a difesa della nazione" potrebbe essere giustificata per un paese come la Svizzera, la quale, tuttavia, non si può considerare uno Stato nazionale e quindi non un genere di Stato comparabile con quelli di oggigiorno. La sua condizione di neutralità e il suo sfoggio di milizie è unicamente frutto della situazione non manifesta di guerra dei grandi Stati militari che la circondano e può essere mantenuta fin quando sussistano queste condizioni. Come una simile neutralità durante la guerra possa essere calpestata da un momento all'altro dall'imperialismo, ne fornisce testimonianza il Belgio. E qui, veniamo a considerare la situazione dei piccoli Stati. Un esempio classico di "guerra nazionale", ci viene dato oggi dalla Serbia. Se mai uno Stato può rivendicare il diritto alla difesa nazionale, questa è giustappunto la Serbia, la quale, minacciata dall'Austria nella sua esistenza nazionale, è costretta dalla stessa alla guerra per difendere l'autonomia, la libertà e la civiltà della sua nazione. Se la socialdemocrazia tedesca è nel giusto con la sua presa di posizione, quella serba, che al parlamento di Belgrado protestò contro la guerra e respinse la proposta dei crediti di guerra, ha disatteso gli interessi vitali del proprio paese.

In realtà, i serbi Lapcevic[117] e Kazlerovic non solo si sono ritagliati ampio spazio nella storia del socialismo internazionale, ma insieme hanno mostrato di possedere una acuta visione delle reali implicazioni della guerra, rendendo con ciò il miglior servizio al loro paese e contribuendo ad illuminare il popolo. Ad ogni modo, la Serbia ufficialmente combatte una guerra a difesa della nazione e, tuttavia, la sua monarchia e le sue classi dirigenti, al pari di quelle degli altri Stati, incuranti dei confini nazionali, tendono all'espansione, acquisendo con ciò un carattere aggressivo.

Così la Serbia tende verso la costa adriatica, dove ha da combattere a spese degli albanesi una battaglia imperialistica con l'Italia, battaglia il cui esito, prescindendo dalla Serbia, sarà deciso dalle grandi potenze. Il fatto fondamentale è però il seguente: dietro il nazionalismo serbo sta l'imperialismo zarista. La Serbia stessa altro non è che una pedina sullo scacchiere della politica mondiale e un giudizio sulla guerra in Serbia che non tenesse conto di questo contesto sarebbe campato in aria. Lo stesso dicasi per le più recenti guerre balcaniche; presi singolarmente e considerati dal punto di vista formale, i giovani stati Balcanici si trovavano nel loro pieno diritto storico e perseguivano il loro originario piano democratico nazionale. Tuttavia, valutate nei loro reali rapporti storici che fecero la regione centro della politica imperialista, anche i conflitti balcanici non furono parte del concatenarsi degli eventi che condussero alla guerra mondiale. La socialdemocrazia internazionale, a Basilea, accolse con entusiasmo i socialisti balcanici perché avevano resa nota la loro fisionomia e così condannò a priori l'atteggiamento dei socialisti francesi e tedeschi nell'attuale guerra.

Nella stessa posizione degli Stati balcanici si trovano oggi tut-

---

[117] Ndt. Dragisa Lapcevic (1867 - 1939) politico e giornalista serbo, fu uno dei fondatori del Partito socialdemocratico serbo che sosteneva la Federazione balcanica durante il regno di Serbia.

ti i piccoli Stati, quali, ad esempio, l'Olanda. "Quando la barca fa acqua, in primo luogo bisogna preoccuparsi di turare la falla".

Cosa poteva essere in ballo per la piccola Olanda se non la sua difesa nazionale, l'esistenza e l'indipendenza del paese? Se si tiene conto delle intenzioni del popolo olandese e delle sue classi dirigenti, senz'altro la semplice difesa del territorio; ma la politica proletaria, la quale si basa sulla conoscenza storica e non si lascia influenzare dai propositi di un singolo paese, è influenzata dalla complessità della politica globale. Anche l'Olanda, lo voglia o meno, è solo un piccolo ingranaggio nello scenario mondiale. E questo si renderebbe subito evidente se l'Olanda fosse risucchiata concretamente nel vortice della guerra mondiale. Innanzitutto, i suoi nemici tenderebbero a colpirla nelle sue colonie e allora l'Olanda stessa condurrebbe la guerra in modo tale da conservare i suoi possedimenti, per cui la difesa dell'indipendenza nazionale del popolo fiammingo dalle sponde del mare del nord si allargherebbe alla difesa dei suoi diritti di sfruttamento sui malesi nelle Indie orientali. E non solo, il militarismo olandese, poca cosa, entrando nel conflitto mondiale per non venire stritolato, dovrebbe subito allearsi con una delle fazioni belligeranti, divenendo così strumento portatrice di tendenze imperialiste. In questo modo si conserva l'ambiente ideale per il proliferare dell'imperialismo odierno, il quale determina il carattere delle guerre nei singoli Stati, facendo sì che non siano più possibili guerre a difesa del territorio nazionale.

Si legge in *Patriottismo e socialdemocrazia* di Kautsky[118]:

"Se pure il patriottismo della borghesia e quello del proletariato differiscono completamente, vi sono, tuttavia, situazioni in cui entrambi possono confluire in un'azione comune, persino in guerra. La borghesia e il proletariato di una nazione hanno lo stesso interesse a conservare la sua indipendenza e autonomia, ad evitare e a tenere a distanza ogni forma di oppressione e sfruttamento che venga da una nazione straniera [...] Nelle lotte

---

nazionali, che scaturiscono da queste aspirazioni, il patriottismo proletario si è sempre alleato a quello della borghesia [...] Ma da quando il proletariato è divenuto una potenza, che ad ogni sconvolgimento dello Stato diventa pericolosa per le classi dirigenti, da quando alla fine di ogni guerra sorge la minaccia della rivoluzione, come è stato dimostrato dalla Comune di Parigi nel 1871 e il terrorismo russo dopo la guerra russo-turca; da allora, la borghesia, anche di quelle nazioni che non hanno conseguito l'indipendenza e l'unità, o non le hanno raggiunte in modo completo, ha sempre sacrificato i suoi scopi nazionali, quando essi si potevano raggiungere solo rovesciando un governo, perché essa odia e teme la rivoluzione più di quanto ami l'autonomia e la grandezza della nazione. Ragione per cui essa rinuncia all'indipendenza della Polonia e lascia sopravvivere formazioni statali antidiluviane come l'Austria e la Turchia, che paiono destinate a scomparire da tempo. Così, nelle parti civilizzate d'Europa, le lotte nazionali hanno smesso di essere causa di rivoluzioni o di conflitti armati. Così quei problemi nazionali, che tuttavia anche oggi non sono solubili se non con guerre o rivoluzioni, potranno essere risolti solo a seguito della vittoria del proletariato. Ma allora essi assumeranno immediatamente, grazie alla solidarietà internazionale, un aspetto completamente diverso da quello attuale, nella società dello sfruttamento e dell'oppressione. Per ora non è necessario che il proletariato dei paesi capitalistici se ne preoccupi nelle sue guerre pratiche: esso deve impiegare le sue forze ad altri compiti [...] Nel mentre, diventa sempre meno probabile che il patriottismo proletario e quello borghese si uniscano per la difesa della libertà del proprio popolo".

La borghesia francese si sarebbe alleata con lo zarismo. La Russia non sarebbe più un pericolo per l'Europa occidentale perché fiaccata dalla rivoluzione.

"In queste circostanze non è più il caso di aspettarsi in alcun posto una guerra a difesa della libertà nazionale, in cui potrebbero allearsi patriottismo borghese e proletario [...] Abbiamo già visto che sono venuti meno gli antagonismi che nel XIX secolo si poteva ancora costringere alcuni popoli liberali a intraprendere una guerra contro i loro vicini; abbiamo visto che l'odierno militarismo non serve a difendere vitali interessi popolari, ma unicamente a tutelare il profitto; non a preservare l'indipendenza e l'intangibilità del proprio popolo che nessuno minaccia, ma solo ad assicurare ed estendere conquiste d'oltremare, che servono ad aumentare il profitto. Gli antagonismi odierni tra gli Stati non possono più portare alla guerra, a cui il patriottismo proletario non debba opporsi in modo più deciso [...]".

Cosa si può dedurre da tutto ciò in merito all'atteggiamento pratico della socialdemocrazia nella guerra attuale? Forse essa dovrebbe dichiarare che poiché questo è un conflitto imperialistico, poiché questo Stato non riconosce il precetto socialista del diritto di autodecisione, esso non corrispondendo all'ideale nazionale, è per noi meritevole di essere considerato nemico? Il passivo lasciar correre non potrà mai divenire prassi di un partito rivoluzionario quale è quello socialdemocratico. Non il concorrere alla difesa dello stato classista vigente, sotto il dominio delle classi dominanti, né il porsi in disparte tacendo, finché la tempesta sia passata, ma lo è intraprendere una politica indipendente di classe che, in tutte le grandi crisi della società borghese, spinga avanti a colpi di staffile le classi dominanti, allontanando la crisi da se stessa, questo è il compito della socialdemocrazia, come avanguardia del proletariato combattente.

Anziché giustificare la guerra imperialistica con la scusa della difesa del territorio nazionale, sarebbe stato opportuno applicare *seriamente* il diritto di autodecisione e di difesa nazionale, rivolgendosi come leve rivoluzionarie contro la *guerra* imperialistica. La necessità più elementare della difesa elementare è che la nazione assuma la difesa nelle proprie mani. A tal fine, la prima cosa da farsi è formare la milizia, ovvero, non soltanto armare immediatamente la popolazione maschile adulta, ma in primo luogo affidare al popolo ogni decisione sulla pace e sulla guerra. Questo significa dare i diritti politici a quanti ne sono privi, perché la massima libertà politica è necessaria come fondamento della difesa popolare. Proclamare queste misure di difesa nazionale, esigere la loro realizzazione, è il compito principale della socialdemocrazia. Per quarant'anni abbiamo dimostrato tanto alle classi dominanti quanto a quelle popolari, che solo la milizia è in grado di difendere concretamente la patria, di renderla, inviolabile. E ora che è suonata l'ora fatale, abbiamo consegnato la difesa del paese, nelle mani dell'esercito permanente, della carne da macello mandata a colpi di frustate dei potenti sul campo da battaglia. Evidentemente, i nostri parlamentari non si sono resi conto che accompagnando con appassionati auguri al fronte quella carne destinata al macello, affidandole la difesa del territorio e ammettendo che l'esercito permanente prussiano nell'ora del bisogno fosse il suo salvatore, sacrificavano il pilastro su cui si regge il nostro programma politico: la milizia, vanificando così, il significato pratico della nostra quarantennale agitazione per essa, facendone un capriccio dottrinario-utopistico che ormai nessuno più prenderà sul serio. Assai diversamente interpretavano la difesa della nazione i maestri del proletariato internazionale. Quando nel 1871 il proletario prese in mano le redini della situazione nella Parigi assediata dalla Prussia, Marx scrisse, entusiasta:

"Parigi, sede centrale del passato governo e, allo stesso tempo, centro di gravità sociale del proletariato francese, si è armata per contrastare il tentativo di Thiers e dei rurali di restaurare e perpetuare il vecchio potere governativo trasmesso loro dall'impero. A Parigi fu possibile resistere perché aveva sostituito con una Guardia Nazionale, la cui massa era composta da operai, l'esercito dissoltosi in conseguenza dell'assedio. Questo fatto doveva adesso, essere mutato in una istituzione permanente. Il primo decreto della Comune fu quindi la soppressione dell'esercito permanente e la sostituzione dello stesso con il popolo in arme [...] Per cui, se la Comune costituiva la vera rappresentante di tutti gli elementi sani della società francese e quindi il vero governo nazionale, nel senso pieno del termine, poiché era un governo di operai, campione coraggioso dell'emancipazione del lavoro. Sotto gli occhi dell'esercito prussiano, che aveva annesso alla Germania due province francesi, la Comune annetté alla Francia la classe operaia di tutto il mondo".

Quale ruolo doveva giocare la socialdemocrazia, secondo i nostri maestri, in una guerra come quella attuale? Engels, nel 1892, tracciò le linee fondamentali della politica da tenere da un partito del proletariato nel corso di un confitto:

"Una guerra in cui Russia e Francia invadessero la Germania sarebbe per quest'ultima una lotta per la sopravvivenza in cui potrebbe far fronte solo applicando le misure più rivoluzionarie. Il governo attuale a meno che non vi sia costretto, non scatena certamente la rivoluzione. Ma noi abbiamo un partito forte che ve lo può spingere o, in caso di necessità, sostituirlo: il partito socialdemocratico [...] Il centenario del 1793 si avvicina: noi non abbiamo dimenticato questo grandioso esempio. Se la smania di conquista dello zar e l'impazienza sciovinista della borghesia francese dovessero frenare la vittoriosa, pacifica, marcia dei socialisti tedeschi, costoro sono pronti, statene certi, a dimostrare al mondo intero che il proletariato tedesco di oggi non è da meno dei sanculotti francesi e che il 1893 si può collocare accanto al 1793. E qualora i soldati del signor Costant[119] metteranno piede in territorio francese verranno accolti con le parole della *Marsigliese*: "Come, queste coorti straniere, detterebbero legge nelle nostre case?".

In sintesi. La pace assicura il successo del partito socialdemocratico in un decennio. La guerra gli porta la vittoria in due-tre anni, oppure il tracollo per quindici o vent'anni.

Quando Engels scriveva questo, pensava a una situazione completamente diversa da quella odierna. Aveva ancora davanti agli occhi il regime zarista, mentre noi dopo abbiamo assistito alla Rivoluzione russa. Pensava inoltre ad una vera guerra a difesa

---

[119] Ndt. Jean Antoine Constant (1833 – 1913) è stato ministro egli Interni francese in carica dal 1889 al 1902.

del territorio nazionale dei tedeschi, attaccati simultaneamente da est ed ovest. Inoltre, ha sottostimato la maturità della situazione in Germania e le prospettive della rivoluzione sociale. Quanto risulta, però, con evidenza dalla sua esposizione è che egli non intendeva in difesa del territorio nazionale nel senso della politica socialdemocratica con il sostegno militare prussiano, ma ad un'azione rivoluzionaria sul modello dei giacobini francesi.

Certo, i socialdemocratici sono in dovere di difendere il proprio paese quando si trova in una grande crisi storica. Per cui una grave colpa pesa sulla delegazione socialdemocratica parlamentare perché nella dichiarazione del 4 agosto 1914, annunciò: "Non voltiamole spalle alla patria nel momento del bisogno", ma, al tempo stesso, smentendo la sua stessa affermazione, negava il suo aiuto al paese nell'ora fatale. Il primo dovere verso la patria era di mostrare i reali motivi di questa guerra imperialistica, svelando le menzogne patriottiche e diplomatiche dietro cui si celava questo attentato contro la nazione; dire chiaramente che, per il popolo tedesco, la vittoria o la sconfitta sortiscono lo stesso effetto nocivo; opporsi allo stato di assedio; proclamare la necessità di armare la popolazione e riconoscere alla stessa il diritto di decidere sulla guerra e la pace; sollecitare la scissione permanente della rappresentanza popolare per tutta la durata del conflitto; esigere l'abolizione di tutte le privazioni dei diritti politici perché solo un popolo libero può difendere il proprio paese; ed infine, opporre al programma espansionistico basato sulla conservazione dell'Austria e della Turchia, il vecchio programma nazionale, dei democratici del 1848, il programma di Marx, Engels e Lassalle: la parola d'ordine di una sola grande Repubblica di Germania. Questa era la bandiera sotto la quale si sarebbe dovuto combattere; la sola che sarebbe parsa veramente liberale e in accordo sia con le migliori tradizioni tedesche, sia con la politica di classe del proletariato.

L'ora storica della Guerra mondiale esigeva una forte azione politica, una presa di posizione di ampie vedute, un orientamento superiore del paese, che solo la socialdemocrazia poteva dare. Invece, tutto ciò non fu per bocca dai rappresentanti della classe operaia, altro che una ignobile capitolazione. La socialdemocrazia non ha adottato una politica falsa, non ne ha perseguita alcuna; è mancata completamente come partito di classe con una propria concezione della società; ha consegnato senza battere ciglio, il paese alla guerra imperialistica all'esterno e alla dittatura interna e inoltre ha declinato ogni responsabilità della guerra. La dichiarazione del gruppo al Reichstagh dice che esso avrebbe approvato soltanto i mezzi necessari alla difesa del territorio, ma avrebbe abiurato ogni responsabilità della guerra. Ebbene, è vero il contrario. I mezzi di *questa difesa*, ovvero della carneficina imperialistica messa in opera dagli eserciti della monarchia militare, i socialdemocratici non avevano certo alcuna necessità di approvarli perché il loro impiego non dipendeva da loro ma dai tre quarti del parlamento ad appannaggio della borghesia. Con il suo spontaneo quanto inutile assenso il gruppo socialdemocratico ottenne una sola cosa: l'unanimità a favore della guerra, la sospensione della lotta di classe, la rinuncia alla politica di opposizione e quindi la responsabilità morale della guerra. Inoltre, con la sua approvazione dei mezzi, ha conferito a questa guerra il significato di difesa della patria che ha trasmesso alle masse.

Così il dilemma tra interessi della nazione e solidarietà internazionale del proletariato, il tragico confitto che i nostri parlamentari fecero pendere a malincuore in favore della guerra imperialistica, altro non è che pura finzione borghese-nazionalista. Tra gli interessi del paese e quelli di classe del proletariato internazionale, sussiste, piuttosto, tanto in tempo di guerra, quanto in tempo di pace, completa sintonia: ambedue necessitano di un rapido sviluppo della lotta di classe e una caparbia difesa del programma socialdemocratico. Ma cosa era tenuto a fare il nostro partito per dare forza a quelle richieste che gli venivano da più parti e opporsi con decisione alla guerra? Doveva indire uno sciopero generale? Oppure doveva fomentare in coloro chiamati alle armi il rifiuto alla leva?

In questo modo viene generalmente posto il problema. Una risposta affermativa a domande del genere sarebbe fuori luogo, come dire: se scoppia la guerra faccio la rivoluzione. Le rivoluzioni non si fanno, perché non esistono ricette che permettono a un partito di disporre di ampio sostegno delle masse quando gli fa comodo. Circoscritti circoli cospirativi possono preparare un colpo di stato per un determinato giorno o una determinata ora; possono all'occorrenza inviare il segnale di attacco a un numero limitato di sostenitori. Ma non è con mezzi così primitivi che si movimentano le masse popolari nei grandi momenti storici. Lo sciopero generale "meglio preparato", in certe circostanze, può fallire proprio nel momento in cui la direzione di un partito dà il segnale, o sgonfiarsi subito dopo uno slancio iniziale. Se debbano verificarsi grandi dimostrazioni di massa dipende dal complesso dei fattori economico-politico-psicologici, dagli antagonismi di classe del momento, dal livello di chiarezza di idee, dalla maturità dello spirito combattivo delle masse, fattori incontrollabili che nessun partito può provocare intenzionalmente. Questa è la differenza tra le grandi crisi della storia e le piccole azioni di facciata che un movimento politico ben strutturato può compiere in tempo di pace con la bacchetta direttoriale delle "istanze". L'ora storica esige di volta in volta le forme corrispondenti del movimento politico, generandone di nuove per sé, improvvisando sistemi di lotta sinora sconosciuti, vagliando e arricchendo l'arsenale del popolo, indipendentemente da tutte le prescrizioni dei partiti.

I leader della socialdemocrazia, considerata l'avanguardia del proletariato dotato di coscienza di classe, non dovevano affatto dare ridicole prescrizioni di natura tecnica, ma la parola d'ordine politica, che facesse chiarezza sui compiti politici e sugli interessi delle classi lavoratrici in guerra. Per ogni movimento di masse vale quanto si è detto dello sciopero generale durante la Rivoluzione russa:

"Ma se la direzione dello sciopero di massa, la sua durata, i costi, è cosa che concerne il periodo rivoluzionario, la conduzione degli altri scioperi di massa compete alla socialdemocrazia e ai suoi quadri dirigenti. Invece di fissarsi sull'aspetto tecnico, la socialdemocrazia è in dovere di assumere la direzione politica anche durante una crisi storica epocale. Dare la parola d'ordine, l'indirizzo alla lotta, la gestione della strategia politica in ogni sua fase, far sì che la forza attiva del proletariato in tutta la sua interezza si esprima in coerenza con le posizioni politiche del partito, e infine che la tattica socialdemocratica per il suo rigore e fermezza non sia mai al di sotto del livello effettivo delle forze a sua disposizione, ma piuttosto le sopravanzi, questo è il compito più importante della leadership che è tenuta a rappresentarci in un periodo di così grande crisi storica. Questa dirigenza fino a un certo grado, muta da sé stessa, nella direzione tecnica. Una tattica della socialdemocrazia, decisa, limpida, provoca nella massa un sentimento di sicurezza, di fiducia in sé e del proprio ardore rivoluzionario; per contro una tattica debole, ondivaga, basata sulla sottovalutazione della forza del proletariato agisce sulle masse in modo deleterio. Nel primo caso gli scioperi di massa divampano da soli e sempre al momento opportuno, nel secondo appelli della dirigenza agli scioperi spesso cadono inascoltati".

Che tutto dipenda, non dalla forma esteriore e dall'azione tecnica, ma dal suo contenuto politico, ne è testimonianza il fatto che, ad esempio, proprio la tribuna parlamentare, in quanto unico luogo libero di ampia risonanza internazionale, avrebbe potuto divenire lo strumento del risveglio popolare, se fosse stato utilizzato dai delegati della socialdemocrazia per formulare distintamente gli interessi, i compiti e le esigenze della classe lavoratrice in questa crisi.

Le parole dettate dalla socialdemocrazia avrebbero sollevato le masse? Nessuno può dirlo con assoluta certezza. I nostri rappresentanti hanno pure lasciato partire fiduciosamente per la guerra anche gli alti ufficiali dell'esercito prussiano-tedesco senza chiedere loro, prima dell'approvazione dei crediti di guerra, la rassicurazione che una sconfitta era da escludersi a priori. D'altra parte, quanto vale per gli eserciti militari, vale anche per quelli rivoluzionari: essi accettano la battaglia, dove gli si offre, senza avere la certezza del successo. Nel peggiore dei casi, la voce del partito sarebbe rimasta in principio senza effetto visibile. Le persecuzioni sarebbero probabilmente state la ricompensa dell'atteggiamento virile del nostro partito come nel 1870 sono state il premio per Bebel e Liebknecht.

Auer[120] nel discorso tenuto nel 1895 per celebrare l'anniversario di Sedan, disse: "Un partito che vuole conquistare il mondo deve tenere alti i suoi principi senza curarsi dei pericoli che corre".

Liebknecht scrisse:

"Non è facile nuotare controcorrente e lo è maggiormente laddove questa ha il flusso e la vigoria di un Niagara. I compagni avanti con gli anni, non hanno dimenticato la caccia ai socialisti del 1878, anno in cui si consumò con il sostegno di una legge una vergogna senza precedenti. Milioni di persone vedevano all'epoca in ogni socialdemocratico un criminale, o un uomo votato a delinquere, come nel 1870[121] lo facevano un nemico della patria simili eccessi dell'animosità popolare hanno nella loro forza qualcosa che stupisce, sconvolge, schiaccia. Ci si ente impotenti a far fronte a una potenza superiore, una reale forza maggiore che esclude ogni dubbio. Non si ha alcun nemico reale d'innanzi; ma un contagio che si trasmette per via aerea ovunque. La trasmissione di questo virus nel 1878 non fu tuttavia pari nella ferocia a quella del 1870. Non solo questo tsunami di passioni umane, che abbatte, piega, spezza, tutto ciò che incontra sulla sua strada, ma pure la spaventosa macchina del militarismo e noi in mezzo al fischio stordente delle ruote di ferro, il tocco delle quali significava la morte e le braccia come pale meccaniche tutt'intorno tese verso di noi a prenderci. Accanto alla forza elementare di spiriti esagitati il meccanismo più perfetto dell'arte dell'assassinio, che il mondo aveva mai conosciuto. Tutto ciò immerso nel più selvaggio lavoro, con tutte le caldaie riscaldate fino a farle deflagrare. Dove permane qui la forza o la volontà singola quando si sa di

---

[120] Ndt. Ignaz Auer (1846 – 1907), è stato un esponete di spicco della socialdemocrazia tedesca.

[121] Ndt. Si fa riferimento a una serie di leggi anti-socialiste, di cui si è già parlato precedentemente, promulgate dal governo tedesco tra il 1870 al 1878, che limitavano la libertà di azione di stampa e di opinione di coloro che si riconoscevano nella socialdemocrazia.

essere una minoranza trascurabile e di non avere alcun sostegno sicuro neppure del popolo. Il nostro partito era appena stato formato e ci trovavamo ad affrontare una prova sì grave, senza l'ausilio di un'organizzazione. Quando iniziò la caccia ai socialisti, noi non avevamo una struttura vasta e forte; ognuno trovava vigore e conforto nel fatto che nessuno capace di intendere e di volere poteva pensare che il partito potesse soccombere. Non era cosa da poco, allora, nuotare contro corrente. Ma cos'altro si poteva fare? Accade ciò che doveva accadere. Per noi si trattò di stringere i denti e lasciare che ci capitasse ciò che sapevamo inevitabile. Non avevamo tempo di provare paura... Così Bebel ed io... non perdemmo un istante a pensarci su. Non potevamo abbandonare il campo, dovevamo rimanere al nostro posto qualsiasi fossero le conseguenze".

Essi rimasero saldi al loro posto e la socialdemocrazia tedesca si nutrì per quarant'anni della forza morale che aveva allora mostrato a fronte di un mondo ostile. Così sarebbe andata anche questa volta. All'inizio forse non si sarebbe ottenuto altro che salvare l'onore del proletariato tedesco e far sì che le migliaia di lavoratori, che ora soccombevano nelle trincee, non perissero in una tetra confusione spirituale ma con nel cuore viva la scintilla che quanto essi avevano di più caro, la socialdemocrazia internazionale liberatrice dei popoli, non fosse un'illusione. Ma la voce coraggiosa del nostro partito avrebbe sortito anche l'effetto di doccia fredda sull'ebrezza sciovinista e sullo smarrimento della massa, sarebbe stata salvifica sul delirio dei circoli popolari più illuminati, rendendo più difficile agli imperialisti l'intento di avvelenare e rincretinire gli abitati della nazione.

Nel proseguo della guerra, poi, a misura di quanto fosse cresciuto nei paesi coinvolti il disgusto per questa interminabile mattanza, che si fosse fatto più visibile lo zoccolo equino imperialistico della guerra, che fosse divenuto intollerabile il baccano recato dalla speculazione che necessità di sangue, tutto ciò che c'è di vivo, di onesto, di umano si sarebbe schierato dalla parte della socialdemocrazia.

Allora, la nostra socialdemocrazia, nella rovina e nella distruzione generale, sarebbe rimasta come una roccia nel mare rumoreggiante, l'alto faro dell'Internazionale, con il quale si sarebbero orientati tutti i partiti dei lavoratori. L'enorme autorità morale, di cui godeva la socialdemocrazia tedesca fino al 4 agosto 1914 nel mondo del proletariato, avrebbe condotto di certo in un breve periodo di tempo a un mutamento anche di questa perturbazione generale. Ne sarebbe derivata in tutti i paesi una propensione alla pace che avrebbe affrettato la fine del conflitto, diminuendo il numero delle vittime. Il proletariato tedesco sarebbe rimasto il guardiano del socialismo e dell'emancipazione dell'umanità, un'opera patriottica degna dei successori di Marx, Engels e Lassalle.

Capitolo VIII

Malgrado il regime militare e la censura sulla stampa, a dispetto della vergognosa capitolazione della socialdemocrazia, nonostante la guerra fratricida, della sospensione la lotta di classe, quest'ultima riemerge con forza dai campi di battaglia. Non dai tenui tentativi di galvanizzare artificialmente la vecchia internazionale, non nelle promesse rinnovate di riunirsi nell'immediato dopoguerra. Ora, durante la guerra, emerge della stessa il fatto che i proletari di tutto il mondo hanno un solo interesse condiviso. La guerra mondiale confuta in proprio l'illusione che essa stessa aveva creato.

Vittoria o disfatta? Questa è la parola d'ordine del militarismo dominante in ognuna delle nazioni in guerra e i leader socialdemocratici l'hanno adottata ovunque. Soltanto la vittoria o la disfatta sul campo dovrebbe avere un valore anche per il proletariato inglese, francese, tedesco, proprio come ne ha per le classi dominanti. Quando parla l'artiglieria, ogni proletariato dovrebbe essere interessato unicamente al successo del proprio paese e quindi, alla sconfitta altrui. Vediamo, dunque, quali vantaggi porterebbe al proletariato la vittoria.

Secondo l'opinione condivisa dai rappresentanti della socialdemocrazia, una vittoria significherebbe per la Germania una crescita economica illimitata; la sconfitta la rovina su tutti i fronti. Questa si basa grossomodo sul confitto del 1870; ma il rigoglio capitalistico che in Germania seguì quella guerra non fu conseguenza del conflitto, ma dell'unità politica nella figura del Reich tedesco fondato da Bismarck. La spinta economica provenne allora dall'unificazione e dai molteplici ostacoli di natura reazionaria che si portò dietro. Effetto sortito dalla guerra vittoriosa fu il rafforzamento della monarchia militare tedesca e del governo prussiano degli Junker, mentre la disfatta portò alla Francia il crollo dell'Impero e l'instaurazione della Repubblica. Ma oggi le cose stanno diversamente in tutti gli Stati belligeranti. Oggi la guerra non serve a far sì che il capitalismo in crescita ne tragga le premesse politiche per il suo sviluppo nazionale. Questo carattere, la guerra lo ha avuto solamente in Serbia. Ricondotta al suo significato storico obiettivo, l'odierno conflitto nel suo insieme è una lotta di concorrenza del capitalismo, già giunto a maturazione per il dominio, lo sfruttamento, delle ultime regioni del mondo non ancora legate al capitale. Da ciò ne risulta un carattere diverso della guerra medesima e dei suoi effetti.

L'alto grado di sviluppo economico mondiale della produzione capitalistica si evince qui, tanto nella capacità di annientamento degli strumenti di guerra, quanto nell'approssimativo equilibrio del livello conseguito in tutti i paesi belligeranti. L'industria internazionale degli armamenti si rispecchia adesso nell'equilibrio militare che si ristabilisce sempre da capo, dopo parziali decisioni e oscillazioni dei piatti della bilancia, prorogando sempre la soluzione definitiva. L'indecisione degli accadimenti militari in guerra fa sì che vengano gettate nel fuoco sempre nuove riserve, tanto le masse popolari dei paesi in conflitto, quanto quelle di paesi prima neutrali. Negli appetiti e negli antagonismi imperialistici la guerra trova in ogni dove materiale già pronto, ne crea essa stessa di ulteriore che si estende come un incendio nei boschi. Ma quanto più grandi sono queste masse e quanto più numerosi le nazioni coinvolte nella guerra mondiale, tanto più se ne prolunga la durata. Tutto questo insieme da, come risultato della guerra, ancora prima di qualsiasi decisione militare sulla vittoria o la sconfitta un fenomeno sconosciuto alle guerre passate: il tracollo economico di tutte le nazioni coinvolte e in misura sempre maggiore, anche dei paesi che dalla guerra se ne erano tenuti fuori.

Il protrarsi, anche di un solo ulteriore mese, di questa guerra non solo conferma quando detto, ma differisce di almeno un decennio i frutti di un eventuale esito militare positivo. In verità, né una vittoria né una sconfitta possono condizionare questo risultato, perché il prolungarsi dei combattimenti rende probabile la conclusione del conflitto, per esaurimento di forze delle parti. In date circostanze, anche una Germania vittoriosa, quand'anche riuscisse a coronare le sue mire espansionistiche, non potrebbe vantare altro che un misero bottino: l'annessione di alcuni territori ridotti in povertà e il disastro della propria economia. Che anche l'esercito più trionfante non possa esigere un'indennità di guerra che possa sanare le ferite inferte dalla guerra, è cosa evidente anche alle menti più ottuse. L'unico premio possibile sarebbe la rovina anche maggiore della propria dei paesi vinti, ovvero della Francia e l'Inghilterra, nazioni con cui la Germania mantiene stretti rapporti commerciali e, dal benessere dei quali, dipende la sua stessa ripresa. Questo è lo scenario che il popolo tedesco vittorioso, vessato dalle tasse per coprire le spese di guerra, si troverà ad affrontare.

Se adesso proviamo a figurarci le conseguenze peggiori di una sconfitta, se non si tiene conto delle deluse ambizioni imperialistiche, ricalcano fedelmente le stesse conseguenti ad una vittoria: gli effetti sortiti dagli esiti del conflitto differiscono solo in minima parte.

Prendiamo, adesso, in considerazione il caso che la Nazione vittoriosa intenda scrollare da sé la maggiore rovina e scaricarla sui vinti, ostacolando così la ripresa della loro economia. Il proletariato tedesco, come potrà progredire nel dopo guerra se la lotta sindacale dei lavoratori, francesi, inglesi, italiani, belgi sarà fossilizzata da un'economia in recessione?

Fin dal 1870, il movimento operaio procedette in ogni paese per proprio conto anzi, addirittura si presero decisioni nelle singole città. Fu sulle barricate di Parigi che si decisero le sorti del proletariato. L'attuale movimento operaio, la sua faticosa lotta di ogni giorno e l'organizzazione delle masse si basano sulla collaborazione dei paesi regolati dal capitalismo. Se teniamo giusta la considerazione che le rivendicazioni dei lavoratori per essere soddisfatte necessitano di un'economia sana, questo non vale per paesi come Inghilterra, Francia, Belgio, Russia e Italia. E se la classe operaia ristagna in tute le nazioni Europee capitaliste, dove i salari sono bassi e i sindacati deboli e senza nerbo, è impossibile che il movimento operaio possa fiorire in Germania. Da questo punto di vista, per la condizione economica del proletariato, il danno è lo stesso se il capitalismo francese o inglese si rafforza a spese del tedesco.

Valutiamo ora i risultati politici della guerra. Da sempre la socialdemocrazia ha mostrato simpatia per quei paesi belligeranti che sostengono il progresso storico e aborrono i conservatori. Ma nella guerra in corso, chi sta da una parte e chi dall'altra? È evidente che questo fatto non può essere considerato tenendo conto dalle sole dichiarazioni di "assolutismo o di "democrazia" delle Nazioni che si confrontano sul campo di battaglia, ma in base alle tendenze oggettive da ciascuna delle parti sullo scenario della politica mondiale. Prima di poter dire cosa una vittoria tedesca può portare al nostro proletariato, dobbiamo analizzare quale influenza sortirebbe sui rapporti politici complessivi del vecchio continente. Un successo della Germania, in primo luogo, significherebbe l'annessione del Belgio di alcuni piccoli territori confinanti e di una parte delle colonie francesi; il mantenimento della monarchia asburgica e della Turchia sotto il protettorato tedesco, ovvero alla trasformazione dell'Asia Minore e della Mesopotamia in province dell'Impero germanico. Inoltre, ne conseguirebbe il predominio militare ed economico della Germania sull'Europa.

Tutti questi risultati, derivanti da una nostra indiscussa vittoria, dobbiamo aspettarceli per la posizione assunta dalla Germania nella politica mondiale; dagli antagonismi con la Francia, l'Inghilterra, la Russia, nei quali, il nostro paese si è gettata e nel corso della guerra stessa sono cresciuti ulteriormente. Tuttavia questi risultati non porterebbero un equilibrio mondiale duraturo. Per quanto la guerra significhi la distruzione di vincitori e vinti, la pace servirebbe a nuovi preparativi a una guerra mondiale a venire, condotta dall'Inghilterra per liberarsi dal giogo del militarismo prussiano-tedesco che graverebbe tanto sull'Europa quanto sull'Asia Anteriore. Per cui, una vittoria della Germania sarebbe il prologo di una seconda guerra mondiale e quindi a una rinnovata corsa agli armamenti di tutti i paesi.

Per contro, una vittoria dell'alleanza franco-inglese, porterebbe alla perdita dell'Alsazia-Lorena, di una parte delle colonie, e al venir meno del prestigio che l'imperialismo tedesco aveva acquisito sul palcoscenico mondiale: e di conseguenza il frazionamento dell'Austria, dell'Ungheria e la liquidazione della Turchia. Per quanto entrambe queste nazioni siano di natura ultra-conservatrice, e la loro distruzione sia indispensabile all'evoluzione e al progresso, la caduta della monarchia asburgica e della Turchia porterebbe inevitabilmente al traffico dei loro popoli con Russia, Inghilterra, Francia ed Italia. A questa spartizione del mondo e a questo spostamento di forze nei Balcani e sulle coste del Mediterraneo, ne seguirebbe un altro in Asia, la liquidazione della Persia e ad una nuova spartizione della Cina. Ragione per cui, sulla politica mondiale, agirebbe l'antagonismo anglo-russo come quello anglo-giapponese, cosa che porterebbe alla fine di questa guerra a un nuovo conflitto mondiale. Quindi, chiunque vinca, si avrà un esasperato militarismo che ha lo scopo di giungere a una rivincita o a una rinnovata resa dei conti finale.

Così la politica del proletariato, dovesse assumere posizioni progressiste e democratiche con l'una o l'altra parte, prendendo la politica mondiale nel suo insieme, si troverebbe come intrappolata tra Scilla e Cariddi, e il problema di vittoria o disfatta diverrebbe per la classe operaia europea, sia dal punto di vista politico che economico, una disperata scelta tra due inferni. Per cui è una follia quella dei socialisti francesi, i quali ritengono con la sconfitta della Germania di porre fine al militarismo e dare il via a una stagione pace, benessere e democrazia: l'imperialismo qualunque sua l'esito del conflitto procede spedito nei suoi affari; a meno che il proletariato non gli metta i bastoni tra le ruote.

La lezione che è data da questa guerra alla politica del proletariato è che in Germania, Francia, Inghilterra e Russia esso non può appellarsi al termine *vittoria* o *sconfitta*, parola d'ordine che contiene un significato reale solo dal punto di vista dell'imperialismo e si identifica per ogni grande potenza con la conquista o perdita di potere nella politica planetaria. Per il proletariato Europeo, visto dal concetto di classe e per il conseguimento suoi propri interessi, il successo degli uni o degli altri risulta indifferente. E' giustappunto la guerra in sé, qualunque sia l'esito degli eserciti, che rappresenta la peggiore sciagura per la classe operaia europea. Si giungerà alla sola vittoria possibile per i lavoratori, unicamente impedendo l'azione militare.

Nell'attuale conflitto, il proletariato dotato di coscienza di classe non può riconoscere come propria alcuna causa militare. Da questo ne consegue che la politica proletaria non abbia altro desiderio che ogni cosa rimanga come prima della guerra?

Nient'affatto, questo non è mai stato nei nostri piani. Lo stato di cose preesistente non si può mantenere, non esiste più, anche se permangono invariati i primitivi confini tra le Nazioni. Già prima di vederne i risultati, la guerra ha portato a una variazione radicale dei rapporti di forze tra alleati e nemici, ha scosso gli equilibri interni della società e questo esclude il ritorno a condizioni di prima del 4 agosto 1914. Del resto, la politica del proletariato non può procedere all'indietro, deve andare avanti, oltre le condizioni reali presenti. Solo in questo senso essa può imporre la propria idea di società ad entrambe le fazioni imperialiste in conflitto.

Tuttavia, queste idee non possono consistere nel fatto che ognuno dei partiti socialdemocratici, per proprio conto o in comune nelle sedi internazionali, facciano progetti per trovare un punto d'incontro con la borghesia, per giungere uno sviluppo della società pacifico e democratico. Tutte le richieste che tendono a un totale o parziale disarmo, la soppressione della polizia segreta, il frazionamento di tutti i grandi Stati in piccole realtà a sovranità nazionale e similari, sono chimere prive di fondamento, fin quando il capitalismo avrà il coltello dalla parte del manico.

Esso, nell'odierno indirizzo imperialista, non può rinunciare al militarismo, ai sotterfugi diplomatici, ai grandi Stati centralizzati di diverse nazionalità, tutte richieste che potrebbero risolversi facilmente con l'abolizione dello stato capitalista basato sulle classi. Il proletariato non può prendersi il posto che gli compete con piani utopici, come quello di calmierare, tenere a freno l'imperialismo, con riforme marginali. La questione posta dalla guerra ai partiti socialisti, dalla cui soluzione dipendono le sorti del movimento operaio, è la capacita di azione delle masse proletarie nella lotta contro il capitale. Non di teoremi e programmi, necessita il proletariato internazionale, ma di capacità concreta di resistenza, di una forza e una prontezza capaci di aggredire l'imperialismo nell'ora che gli è fatale, e di mettere in pratica il grido tanto atteso: "Muoviamo guerra alla guerra!".

L'imperialismo con la sua politica brutale e le incessanti catastrofi sociali sono una necessità storica per tutte le classi dominanti del mondo d'oggigiorno. Niente risulterebbe più letale ai lavoratori che il voler cullare la speranza che dopo la guerra lo sviluppo del capitalismo si svolga in maniera pacifica. Ma la conclusione che ne viene dal bisogno storico dell'imperialismo per la politica proletaria non prevede la sua capitolazione.

La dialettica storica si compiace delle sue contraddizioni, ponendo nel mondo ogni necessità e il suo contrario. La prevalenza borghese di classe è senza dubbio una necessità storica, come lo è pure la sollevazione della classe operaia contro di esso; il capitale è una necessità storica, ma anche il suo scava fossa, il proletariato socialista. Quindi, se il dominio globale dell'imperialismo è una necessità, lo è anche la sua caduta per mano dell'Internazionale proletaria. Sempre si incontreranno due necessità storiche, in contraddizione l'una con l'altra: gli interessi della borghesia da una parte, il socialismo dall'altra.

La spinta espansiva dell'imperialismo, in quanto espressione della sua maturità, ha come tendenza quella di trasformare ogni società in un impianto di produzione e tutte le masse lavoratrici, in schiavi. In Africa e in Asia, gli ultimi residuati delle società comuniste primitive, delle economie contadine patriarcali sono annientati, schiacciati dal capitale, rasi al suolo per porre al loro posto il sistema di fare profitto in chiave più moderna. Questa brutale marcia del capitale, accompagnata da mezzi violenti, dalla rapina all'infamia, ebbe un lato positivo: generò il predominio mondiale del capitalismo, al quale può seguire solo una rivoluzione socialista. Questo è stato l'unico lato progressista della cosiddetta sua grande opera di civilizzazione nei paesi primitivi.

Per gli economisti e gli uomini politici della borghesia liberale, le ferrovie, i fiammiferi svedesi, il sistema fognario e le camere di commercio sono l'emblema del progresso civile. Quelle opere in sé, prese nelle condizioni di origine sono ben lungi da rappresentare un elemento di progresso e civiltà, perché portano a un veloce declinare dell'economia dei paesi che si trovano a subire la desolazione e le paure di due epoche diverse: la signoria tradizionale dell'economia è il più moderno e raffinato strumento di sfruttamento del capitale. Solo in quanto condizioni preliminari materiali per la distribuzione dello strapotere capitalistico, per la soppressione della società di classe in generale, le opere dell'avanzata trionfale capitalistica nel mondo, portarono progresso in un più vasto senso storico. In questo senso l'imperialismo ha, per così dire, operato per noi.

La guerra attuale, è un tratto di svolta nel suo incedere. Ora per la prima volta le belve fameliche che erano state scatenate dalla borghesia Europea in ogni parte del mondo sono ricadute sul Vecchio continente.

Un grido di orrore attraversò il pianeta quando il Belgio tra i migliori prodotti della civiltà europea, quando i più antichi monumenti francesi furono ridotti in frantumi da un'incontenibile forza distruttrice.

Il mondo civile, il quale si era mostrato spettatore indifferente, allorché l'imperialismo ebbe condannato a una fine indegna,decine di migliaia di Herero[122] e colmato il deserto di

---

[122] Ndt. Lo sterminio degli Herero e dei Nama, avvenuto in Namibia tra il 1904 e il 1907 ad opera dei colonizzatori tedeschi, è il primo massacro di tale portata verificatosi nel Novecento caratterizzato dalla presenza di campi di concentramento e di sterminio; là Eugen Fisher (1874-1967) medico tedesco, iniziò a condurre ricerche ed esperimenti di genetica su esseri umani che contribuirono alla nascita dell'eugenetica nazista. Studi che dal 1943 vennero proseguiti da Josef Mengele (1911-1979) ad Auschwitz.

Kalahart[123] con i lamenti degli assetati e dei moribondi, quando a Putumayo[124] quarantamila nativi in un decennio vennero sacrificati da una compagnia di proprietà di industriali europei e i sopravvissuti resi storpi, quando in Cina una civiltà antichissima fu sterminata e data alle fiamme dai soldati europei, quando la Persia fu stretta tra le tenaglie del dominio straniero, quando a Tripoli gli arabi furono piegati col ferro e il fuoco sotto al giogo del capitale e la loro civiltà rasa al suolo, ecco, questo mondo civile, solo oggi, si avvisto che il morso delle fiere imperialistiche è letale. Ne abbiamo avuto dimostrazione quando quella ha affondato gli artigli nel ventre dell'Europa e conoscenza nella sua trasfigurazione data dall'ipocrisia borghese che fa chi indossa un uniforme diversa dalla propria necessariamente un infame.

"Quei barbari tedeschi", come se ogni popolo che va in battaglia non diventasse all'istante un'orda di selvaggi assetati di sangue. "Le atrocità dei cosacchi", come se la guerra non portasse in sé la più terribile carneficina.

Tuttavia, l'odierno infuriare della bestialità legata al capitale sortisce ancora un effetto che il "mondo civilizzato" non vede con orrore: l'eccidio di massa del proletariato europeo. Mai una guerra ha versato sì tanto sangue, perlomeno da almeno un secolo, né mai ha tanto strettamente abbracciato la civiltà europea. Milioni di uomini perdono la vita nei Volgi, nelle Ardenne, in Polonia, nei Carpazi, sulle rive del Sava, e altri vengono mutilati. Quei milioni di morti nei nove decimi vengono dalla classe operaia e con loro se ne vanno le nostre speranze. Si tratta delle forze più istruite e forti del proletariato internazionale; giovani inglesi, francesi, belgi, tedeschi, russi, vengono con l'imbroglio destinati al massacro. Questi lavoratori dei più avanzati paesi europei sono proprio quelli cui è stata affidata la missione storica di portare a compimento la rivoluzione socialista. Solo dall'Europa, solo dai più antichi paesi capitalisti può venire il segnale della rivoluzione.

Solo i lavoratori francesi, inglesi, tedeschi, belgi, italiani, pos-

---

[123] Ndt. Deserto che si colloca tra Sud Africa, Botswana e Namibia

[124] Ndt. Regione dell'Amazonia dove la multinazionale *Peruvian Amazon Co.* non esitò a liberarsi della popolazione locale per appropriarsi del cacciù.

sono mettersi capo dell'esercito dei diseredati del mondo intero. Solo a loro sarà consentito, a suo tempo, chiedere ragione dei crimini compiuti su tutti i popoli primitivi fin dall'antichità, di cui il capitalismo si è reso responsabile della sua opera distruttrice e fare finalmente giustizia. Ma per poter assistere all'avanzata e alla vittoria del socialismo, condizione essenziale è un proletariato forte, attivo, istruito sono necessarie le masse, la cui forza sta nel loro numero quanto nella preparazione spirituale. E giustappunto queste masse vengono decimate nella guerra mondiale. Centinaia di migliaia di uomini, il fior fiore della gioventù, la cui preparazione in Inghilterra, Francia, Belgio, Russia, Germania, Italia, è stato il prodotto di un lungo processo educativo e di esperienze durato decenni, altre centinaia di anni e che sarebbero serviti alla causa del socialismo, marciscono sui campi di battaglia. Il frutto di fatiche di intere generazioni viene così vanificato in poche settimane, l'élite della classe proletaria internazionale viene mandata a morire.

Se la mattanza di giugno bloccò per quindici anni il movimento operaio francese; l'eccidio della Comune lo ha fatto recedere di oltre dieci anni. Ciò che avviene oggi è una strage di masse mai vista, che riduce drasticamente la popolazione lavoratrice adulta di tutti i principali paesi civili a donne, vecchi e mutilati. Un'ulteriore guerra mondiale e le speranze del socialismo saranno sepolte sotto le macerie della barbarie imperialista. Per cui, questo conflitto è da considerarsi un attentato a danno della civiltà socialista futura, contro quella forza che porta in grembo l'avvenire dell'umanità e che sola può trasmettere i preziosi tesori del passato a una società migliore; in esso, il capitalismo rende evidente che il suo prevalere non è più compatibile con il progresso dell'umanità.

In questo libro, si dimostra non solo che l'odierna guerra è un abominevole assassinio, ma anche il suicidio della classe lavoratrice europea. Sono i militanti del movimento socialista, i proletari inglesi, francesi, tedeschi, belgi e russi che obbedendo alle direttive del capitale e da mesi combattono gli uni contro gli altri.

"Viva la democrazia! Viva lo zar e lo slavismo! Diecimila teli da tenda garantiti secondo la legge! Centomila chili di lardo e surrogato di caffè disponibili nell'immediato".

I dividendi salgono e i proletari cadono e con ognuno di essi sprofonda nella fossa un combattente futuro, un milite della rivoluzione, un salvatore dell'umanità ucciso dal dispotismo imperialista. Ma cesserà questa follia e scomparirà questo insanguinato inferno quando in Germania, Francia, Inghilterra e Russia i lavoratori, destati dal loro torpore, si prenderanno fraternamente per mano e il vociare disumano della bestia capitalista sarà zittito dal possente grido dei lavoratori: proletari di tutto il mondo unitevi!

Appendice
I compiti della socialdemocrazia internazionale

Un gran numero di compagni tedeschi ha accolto favorevolmente le seguenti considerazioni del programma di Erfurt[125] in merito ai problemi attuali del socialismo internazionale:

1. La guerra mondiale ha vanificato i risultati conseguiti in quattro decenni di socialismo europeo, ridimensionando l'importanza della classe operaia rivoluzionaria in quanto fattore politico di forza e prestigio morale del socialismo; ha distrutto l'Internazionale; ha spinto gli uomini a battersi gli uni contro gli altri; ha legato a doppio filo, le aspirazioni e le speranze delle masse nei maggiori paesi a sviluppo capitalistico alla motrice dell'imperialismo.

2. Con l'approvazione dei crediti di guerra e la proclamazione della tregua civile i rappresentanti dei partiti socialisti tedeschi, francesi e inglesi (eccezion fatta di quelli del Partito laburista indipendente) hanno coperto le spalle all'imperialismo, portato le masse a sopportare la miseria e il dolore derivanti dalla guerra, contribuito al manifestarsi della furia capitalistica, all'aumento delle vittime, rendendosi così corresponsabili della guerra e di tutte le sue amare conseguenze.

---

[125] Ndt. Elaborato da Eduard Bernstein, Augusti Bebel e Karl Kaut-sky, fu adottato dal partito socialdemocratico tedesco, andando a sostituire il precedente programma di Gotha.

3. La strategia delle istanze ufficiali presentate dal partito nei paesi belligeranti, soprattutto in Germania,lo Stato finora alla testa dell'Internazionale, rinnega i più elementari principi del socialismo, non fa gli interessi della classe operaia e va contro gli interessi democratici dei popoli. Agendo in questo modo, la politica socialista è stata condannata all'impotenza anche in quei paesi in cui i leader di partito sono rimasti fedeli a quanto erano in dovere: in Russia, in Serbia, in Italia e, con un'eccezione, in Bulgaria.

4. La socialdemocrazia ufficiale dei vari paesi, sacrificando la lotta di classe durante il conflitto e rimandandola al periodo post-bellico, ha dato modo alle classi agiate di tutti i paesi di rafforzare dal punto di vista economico, politico e morale, le proprie posizioni a spese del proletariato.

5. La guerra non serve alla difesa nazionale né agli interessi economici di qualsivoglia massa popolare, è un prodotto di rivalità imperialistiche tra classi dominanti di diversi paesi per l'egemonia mondiale, per il monopolio e l'oppressione dei territori non ancora toccati dal capitale. Gli interessi nazionali sono utili solo a ingannare il popolo e convincerlo ad asservire al loro nemico mortale: ovvero l'imperialismo.

6. Nessuna nazione oppressa può ottenere libertà e indipendenza dalla politica e dalla guerra degli stati imperialistici. Le piccole nazioni, le cui classi dirigenti sono appendici e complici dei loro pari dei grandi Stati, sono solo pedine dell'espansionismo delle maggiori potenze che una volta usate, vengono sacrificate a fini imperialistici, insieme alle loro masse popolari.

7. In queste circostanze la guerra odierna, chiunque ne esca vincitore o vinto, è una sconfitta della socialdemocrazia. Senza l'intervento rivoluzionario internazionale, qualunque sia l'esito del conflitto, conduce a un rafforzamento

degli antagonisti economici internazionali. Questo favorisce lo sfruttamento capitalistico e la reazione sulla politica interna indebolisce il pubblico controllo e degrada i parlamenti a strumenti nelle mani del militarismo. L'attuale guerra attuale si è sviluppata così altrettanto accadrà per le premesse dei conflitti a venire.

8. La pace mondiale non può essere garantita con piani utopistici o su base reazionaria, come tribunali arbitrari internazionali, accordi diplomatici sul disarmo, libertà dei mari, abolizione del diritto di preda marittima[126], federazione degli stati europei, unione doganale, Stati cuscinetto e così via. Imperialismo, militarismo e guerre non si possono evitare finché i capitalisti eserciteranno il loro predominio di classe. L'unico modo per opporre loro resistenza e preservare la pace mondiale sta nella capacità di azione rivoluzionaria del proletariato internazionale, di gettare sul piatto della bilancia la sua forza.

9. L'imperialismo, come ultima e più alta fase vitale dell'egemonia politica del capitale, è il nemico giurato del proletariato di ogni paese. Esso ha in comune con le precedenti fasi del capitalismo la particolarità di accrescere le forze di quel nemico, in misura in cui sviluppa se stesso; esso accelera la concentrazione del capitale, lo sfaldamento del ceto medio, l'incremento del proletariato, risveglia la resistenza crescente delle masse, portando all'inasprimento intensivo degli antagonismi di classe. In prima linea contro l'imperialismo, tanto in pace quanto in guerra, deve essere concentrata la classe proletaria. La lotta contro l'imperialismo per il proletariato internazionale è al tempo stesso lotta per il potere politico interno, la resa dei conti tra socialismo e capitalismo. Il fine ultimo del socialismo sarà compiuto dal proletariato internazionale, solamente costituendosi come fronte compatto contro

---

[126] Ndt. Istituto, per il quale era concesso a ciascun belligerante di impadronirsi delle imbarcazioni commerciali nemiche e delle merci che su esse si trovavano.

l'imperialismo e adottando la parola d'ordine "guerra alla guerra" a precetto primo della sua pratica politica, dedicandovi tutte le sue forze.

10. A tale scopo, oggi il compito principale del socialismo consiste nel riunire il proletariato di tuti i paesi in un'unica forza rivoluzionaria e farne, tramite una potente organizzazione internazionale, un fattore decisivo della vita politica, compito al quale è chiamato dalla storia.

11. La Seconda Internazionale è saltata in aria con la guerra. La sua inefficacia si è dimostrata nell'incapacità di porre freno al proprio frazionamento nazionale nel corso del conflitto e di mettere in pratica una stratega d'azione comune del proletariato in ogni paese.

12. In considerazione del tradimento venuto dalle rappresentanze ufficiali dei partiti socialisti dei principali paesi, degli scopi e degli interessi delle classi lavoratrici, visto che esse hanno deviato dal terreno dell'Internazionale proletaria sul terreno della politica borghese, è bisogno primario per il socialismo costituire una nuova Internazionale dei lavoratori, che riunisca e guidi la lotta della classe rivoluzionaria contro l'Imperialismo in ogni luogo del mondo. Per poter assolvere ai suoi compiti essa deve basarsi sui seguenti principi:

- La lotta di classe all'interno degli Stati borghesi contro le classi dominanti e la solidarietà internazionale del proletariato sono due norme di vita indissolubili della classe operaia nella sua lotta per l'emancipazione. Non esiste socialismo senza solidarietà internazionale e lotta di classe. Il proletariato socialista, in nessun caso, può rinunciare a quanto sopra.

- Lo scopo principale dell'azione del proletariato internazionale deve avere come fine, tanto in guerra come in pace, la lotta contro l'imperialismo e il mantenimento della pace. L'azione parlamentare, quella sindacale, come tutta l'attività del movimento operaio deve essere subordinata allo scopo di opporre in ogni paese, nel modo più duro il proletariato alla borghesia, mettere in evidenza l'antagonismo politico-economico, spirituale che le divide e al contempo rendere manifesta la fratellanza internazionale del proletariato di ogni luogo.

- Il dovere di dare esecuzione alle delibere dell'Internazionale è superiore a tutti gli altri doveri dell'organizzazione. Le sezioni nazionali, che agiscono arbitrariamente dalle deliberazioni, si pongono fuori dall'Internazionale.

- Nelle lotte contro l'Imperialismo e contro la guerra, la forza può essere impegnata unicamente dalle masse del proletariato. L'obiettivo basilare della strategia delle sezioni nazionali deve essere quella di educare le masse all'azione politica, assicurare la coerenza internazionale delle azioni di massa, costituire le organizzazioni politiche e sindacali in modo da garantire per loro tramite, la rapida ed efficace collaborazione di tutte le sezioni l'attuazione delle disposizioni dell'Internazionale da parte delle più ampie masse lavoratrici.

- Compito immediato del socialismo è l'emancipazione spirituale dei lavoratori dalla tutela della classe borghese che si manifesta nel nazionalismo. Le sezioni nazionali sono tenute a condurre le loro agitazioni, in sede parlamentare e tramite stampa, in modo da denunciare la fraseologia tradizionale del nazionalismo come strumento di dominio borghese. La sola difesa di ogni vera libertà sta, oggi, nella lotta rivoluzionaria di classe contro l'imperialismo. La patria del proletariato, alla cui difesa deve essere sacrificato tutto, è l'Internazionale socialista.

Indice

*Usa il QR code
e scopri gli altri titoli della stessa collana*